普通高等学校艺术设计专业"十四五"规划教材

U0621251

AutoCAD
室内设计制图

主　编　钟华志　梁　峰

副主编　吴奇芳　黄永鑫　吴诗琪　李益辉

江苏大学出版社
JIANGSU UNIVERSITY PRESS
镇　江

图书在版编目（CIP）数据

AutoCAD室内设计制图 / 钟华志, 梁峰主编. — 镇
江 : 江苏大学出版社, 2020.8 （2022.6重印）
ISBN 978-7-5684-1274-2

Ⅰ. ①A… Ⅱ. ①钟… ②梁… Ⅲ. ①室内装饰设计—
计算机辅助设计—AutoCAD软件—教材 Ⅳ.
①TU238.2-39

中国版本图书馆CIP数据核字（2020）第154535号

AutoCAD室内设计制图

AutoCAD Shinei Sheji Zhitu

主　　编 / 钟华志　梁　峰
责任编辑 / 郑晨晖
出版发行 / 江苏大学出版社
地　　址 / 江苏省镇江市梦溪园巷30号（邮编：212003）
电　　话 / 0511-84446464（传真）
网　　址 / http://press.ujs.edu.cn
印　　刷 / 南京璇坤彩色印刷有限公司
开　　本 / 787mm×1 092 mm　1/16
印　　张 / 18.5
字　　数 / 402千字
版　　次 / 2020年8月第1版
印　　次 / 2022年6月第2次印刷
书　　号 / ISBN 978-7-5684-1274-2
定　　价 / 65.00元

如有印装质量问题请与本社营销部联系（电话：0511-84440882）

前言

Preface

目前，随着国内房地产市场的迅速发展，带动室内设计行业对设计应用型人才的需求进一步增加。因此，报考相关专业，有志从事室内设计工作的学生也越来越多。各高校相关专业和设计公司对设计人才的培养也愈加重视。在室内设计专业学生培养和从业人员培训过程中，不可或缺的一个重要部分就是学习和掌握方案设计制图，而AutoCAD 是目前室内设计中主要的设计制图软件。

美国 Autodesk 公司研发推出的 AutoCAD，是一款在全球广泛应用，面向多种设计领域的计算机辅助设计软件。该软件为用户提供了丰富多样的二维平面绘图及三维空间建模功能。AutoCAD 的操作系统与界面简洁易于上手，且具有高度灵活、便捷的操控性，可根据用户的设计应用领域，配合设计规范进行精确的设计绘图表达。同时 AutoCAD 也支持与多种设计常用软件如 3Dsmax、Sketchup 和 Photoshop 等进行文件的交互和协作，是目前进行室内设计最为常用的绘图与表现软件之一。

本书基于 AutoCAD 2018 版本，结合室内设计与制图规范，通过具有实用性、操作性和代表性的实例，详细、系统地讲解了室内设计的应用方法和技巧，使读者充分掌握 AutoCAD 的基本操作与实际应用技能。

全书内容共分八个章节，其中第一章简单介绍了室内设计的工作内容及 AutoCAD 软件制图的优点和学习内容；第二至第六章主要讲解AutoCAD 中二维平面绘图的基础知识和工具使用方法，包括基本绘图设置、键盘鼠标操作，以及绘图辅助工具、二维图形创建、图形修改工具的使用；第七、八章结合实际案例详细讲解室内设计制图的绘制过程，以及如何使用图层设置与工具、尺寸与文字标注、表格工具、图纸布局构成完整规范的设计图纸。

  全书部分章节提供了实例源文件与素材，以供读者练习。第七、八章配有详细的案例讲解操作视频。本书配套的教学资源与视频内容请扫描封底二维码，或登录网址：www.nantubook.com 获取下载。

  本书语言通俗易懂，应用性强，让读者在学会软件基本使用功能的同时，能迅速掌握实际应用技巧。本书不仅可以作为高等学校、高职高专院校相关应用型设计专业的教材，同时也可作为目标从事室内设计工作的初学者入门与提高的参考书。编写本书过程中难免有不足和疏漏之处，恳请广大读者予以指正。

编者

2020 年 4 月

钟华志

  湖北美术学院环境艺术设计专业毕业，中国建筑学会室内设计分会会员。江西科技师范大学美术学院讲师，从事室内环境设计与表现的教学与研究工作。个人作品及指导学生作品获省部级奖多项；发表多篇教学研究类论文。

梁峰

  江西科技师范大学美术学院讲师，中国建筑师学会室内设计分会会员；长期从事室内设计教学与研究，发表专业论文数篇。研究方向为居住空间设计、室内设计方法、室内设计教学研究。

目 录
C o n t e n t s

第一章　室内设计与 AutoCAD 制图

第二章　AutoCAD 基本功能

第三章　AutoCAD 键盘和鼠标操作

第四章　AutoCAD 绘图辅助

第五章　AutoCAD 二维图形创建

第六章　AutoCAD 图形修改工具

第七章　AutoCAD 室内平面图绘制

第八章 AutoCAD 室内吊顶图、立面图绘制

第 一 章

室内设计与 AutoCAD 制图

　　室内设计过程从设计、制图至施工都需要遵守严格的规范要求，其中所涉及的专业知识非常广泛。室内设计所面对的是形式、条件各不相同的建筑内部空间，不同的方案空间因其所处的建筑在体量、形式、结构等因素方面的差异，使得空间的功能布局、面积、层高、朝向都不尽相同。空间的设计需要考虑使用者在功能需求、品位喜好及成本方面的独特要求。尽管相同的空间条件，但委托设计的客户要求不一样，所以个体的差异就会表现在对设计方案的要求之中，这将直接影响方案的功能布局及设计风格的选定。以上都是在室内设计过程中所不可避免的基本问题。为了能构思出功能合理、经济节能、风格明确、美观耐用的室内空间方案，在整个室内设计过程中，都将不同程度地使用到 AutoCAD 来辅助设计，解决设计过程中遇到的问题。而使用 AutoCAD 的主要作用是提供详细规范的设计方案图纸。

第一节　室内设计工作内容

　　室内设计从设计到施工的整个过程涉及的内容繁多，因此需根据设计的流程进行较为明确的分工。

根据设计内容的差别，一般大致分为前期准备、方案设计及施工与验收三个阶段。

一、前期准备

前期的准备中设计师首先要与客户围绕设计要求进行交谈，尽量详细地了解客户的各项需求。设计要求主要包括功能和风格两个方面。交谈中主动问询可以进一步增加信息的准确度，期间需要迅速分辨哪些是主要功能需求，哪些需求较为合理，哪些是次要的和不合理的需求。交谈与沟通过程中可以展示不同风格的案例，以便更快引导客户找到符合自身喜好与追求的设计风格。很多客户也会自己通过网络等途径找到一些较为喜欢的案例，或者预先挑选出一些感兴趣的家具或局部装饰品，这些内容也能帮助设计师锁定客户的风格偏好。

前期的准备还包括实地考察。在确定设计委托意向之后，设计师需对将要设计的室内空间进行全面的实地勘测。勘测的内容：

① 空间尺度的测量。包括各层平面的空间布局，各空间墙体与门窗结构的尺寸与位置，各区域的层高等；

② 空间结构的勘测。了解空间的建筑结构，承重墙体或梁柱等主要结构的尺寸与位置；

③ 管线设施的勘测。了解强弱电箱、水气管道的位置，以及落水管口和其他一些设施管线的位置。

勘测内容的数据都应该统一记录，并标示在平面测绘草图（图 1-1）中，以便于后阶段的方案设计。平面测绘草图的绘制一般由测绘人员在完整观察室内场地后，现场在测绘本上用单线简单勾勒出来。所绘草图不追求过于精确的比例，只需平面结构完整即可。任何对设计有利或不利的细节都应当仔细考虑，这样才能减少方案构思时的偏差。实地测绘完毕后，再依照平面测绘草图记录的空间信息，通过 AutoCAD 整理并绘制完成户型原始框架平面图。然后以户型原始框架平面图为基础，开展后续的方案设计。

二、方案设计

在经过与客户的沟通交流和实地勘测后，就可以开始着手设计平面功能的布置图了。结合前期调查得到的信息准确定位设计方向，满足使用者的各项功能需求。同时还必须注意考虑空间框架的限制，尽可能地丰富空间的层次。完成初步构思后，经过和客户的沟通修改将平面功能布置的方案完善，然后着手空间装饰的设计。这一构思过程中，均可使用 AutoCAD 方便直观地呈现设计创意。根据客户的交流反馈，不断完善设计。空间设计方案确定后，就可以使用 AutoCAD，严格按照制图规范，将设计细节绘制成平面、立面施工图纸。

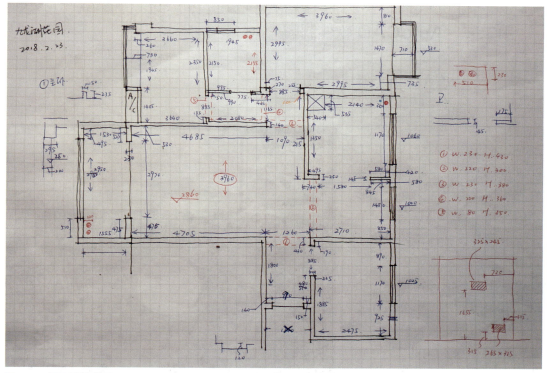

图 1-1　平面测绘草图

三、施工

　　设计方案最终通过规范、准确的施工图纸呈现。绘制施工图纸涉及空间结构、材料工艺、尺寸数据等复杂的内容，图纸绘制不规范会增加图纸理解的难度，也容易造成施工出现偏差。如果出现结构绘制或者数据标注的错误，除了直接影响施工的进度，还将增加施工成本。

　　在开始施工之前，还需要根据所绘制的施工图完成施工预算，包括所用主材料及辅材的造价、各项施工人工的造价、材料及垃圾搬运费用等。而这些费用的计算，也可借助 AutoCAD 所提供的各类测量计算工具在施工图纸的基础上获得，简化了计算的过程。

第二节　AutoCAD 软件制图

一、AutoCAD 发展概述

计算机辅助设计（Computer Aided Design，CAD）诞生于 20 世纪 60 年代，是由美国麻省理工学院提出的交互式图形学的研究计划。CAD 最早受限于当时硬件设施高昂的价格，仅有少数汽车制造、航空航天及电子工业的大公司使用，当时只有美国通用汽车公司和波音航空公司使用自行开发的交互式绘图系统。20 世纪 80 年代，由于个人计算机的推广，CAD 得以迅速发展，出现了专门从事 CAD 系统开发的公司，但大都因价格高昂得不到普及。当时的 Autodesk 公司仅拥有数名员工，刚开发的 CAD 系统功能虽有限，但可免费拷贝，且系统因开放性升级迅速，所以反而得到广泛应用。

图 1-2　AutoCAD-80 界面

1982 年 11 月，Autodesk 公司发布了运行于 DOS 操作系统上的 AutoCAD 的第一个版本 AutoCAD 1.0，仅提供简单的线条绘图功能，且没有菜单，用户需要自己熟记命令。1982 年，AutoCAD 之父 John Walker 和 Dan Drake 及 Greg Lutz 分别为 IBM 工作站及 Victor 9000（当时的一种计算机）编写最初的 AutoCAD 辅助绘图程序，使用 5.25 寸软盘，当时的版本号是 AutoCAD-80（图 1-2）。

1984 年 10 月推出 AutoCAD2.0 版本，1985 年 5 月推出 AutoCAD 2.17 和 2.18 版本，1986 年 6 月推出 AutoCAD 2.5 版本。从 2.0 版本开始，AutoCAD 的绘图能力有了质的飞跃，同时改善了兼容性，能够在更多种类的硬件上运行，并增强和完善了 DWG 文件格式。AutoCAD 2.18 版本绘制的航天飞机模型，细节让人惊叹，此版本的 DWG 文件仍然能够被现在的 AutoCAD 版本打开（图 1-3）。

1982—1988 年，历经先后 9 个版本的改进升级，AutoCAD 绘图功能逐步完善，出现屏幕菜单、下拉式菜单和状态行。1988 年推出的第 10 个版本——R10 版已经具有完

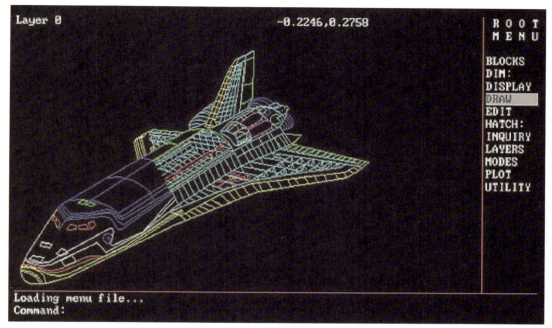

图 1-3　AutoCAD 2.18 版本绘制的航天飞机模型

整的图形用户界面，同时提供 2D/3D 绘制功能，标志着 AutoCAD 进入成熟阶段。这时 Autodesk 公司已成为千人企业，并确立了其在国际 CAD 领域的主流地位。正是从这个版本开始，AutoCAD 开始进入中国设计市场。

1997 年，Autodesk 推出的 R14 版具有划时代意义，不再兼容一直坚守的 DOS、UNIX 平台，转而面向市场占有率更高且已经成熟的 Windows 操作系统。纯 32 位代码开发，2D/3D 功能全面加强，全新的视窗型用户界面完全兼容于 Windows 多用户多任务运行环境，实现不同应用之间的数据交流与资源共享。AutoCAD 的发展从此进入高级阶段，在国内设计应用更加普及。

1999—2001 年推出的 R15 版（包括 AutoCAD 2000/2000i/2002）继续进步，支持多文档同时编辑，增加设计中心、对象特性管理窗口、多重布局空间等 2D 功能，以及 3D 实心体编辑、三维动态观察器等 3D 功能，并支持鼠标滚轮实时缩放与平移及右键快捷菜单，使 AutoCAD 应用水平达到新的高度。

2003—2005 年推出的 R16 版（包括 AutoCAD 2004/2005/2006）改进了对象定义，图形容量更小，执行效率更高，并不再支持已经老旧的 Windows 95/98，只能运行于纯 32 位的 Windows NT/2000/XP 或更高版本。经过多项功能增强（真彩色与渐变色填充、表格绘制、图纸集管理等）与界面改良（包含动态提示与动态输入的抬头设计），AutoCAD 2006 堪称是 2D 制图的完美版本。目前常用的 Windows 7 系统只能兼容 AutoCAD 2007 及以上版本，之前的版本已经基本无法在 Windows7 或更高级的微软系统上正常安装。

之后 Autodesk 公司均以一年一版本的速度持续更新 AutoCAD。通过历代版本的不断更新完善，AutoCAD 的软件功能更加丰富强大，也更加注重用户体验的全面专业性。AutoCAD 广泛应用于土木建筑、装饰装潢、城市规划、园林设计、电子电路、机械设计、航空航天、轻工化工等诸多领域。Autodesk 公司还为机械设计与制造、勘测、土方工程与道路设计等不同的行业开发了行业专用的版本和插件。

因涉及众多设计行业的应用需求，AutoCAD 自身功能复杂多样。而学好 AutoCAD 最重要的途径是结合专业，通过结合专业制图的规范需求，循序渐进不断练习，掌握 AutoCAD 各项功能的使用方法和技巧。AutoCAD 目前已成为室内设计行业不可或缺的重要设计工具，设计从前期准备、方案构思直至施工图绘制，都可借助 AutoCAD 强大而专业的功能来完成。

二、AutoCAD 制图的优点

AutoCAD 设计制图与传统手绘制图比较最大的优势在于：

① 可使用户从繁杂的手绘制图流程中解脱出来，摆脱传统手绘制图工具的束缚，单纯使用键盘和鼠标即可轻松绘图。

② 依靠 AutoCAD 自身强大的功能，可以更加精准地完成设计绘图，设计规范的执行也更容易符合标准。设计过程中，图纸电子文件的修改极为简便，修改前后对图面的整洁也无任何影响。AutoCAD 软件中还可对图形进行快速复制与共享，极大地节约了设计绘图的时间，效率远胜于手工制图。

③ AutoCAD 依托现代互联网的优势，在目前的设计领域可轻松实现网络传输、共享与协作。在线下随着打印复印技术设备的普及，其成本更加低廉，AutoCAD 软件电子制图→线下打印出图→图纸复印扩散成为室内设计等行业的常态流程。

三、AutoCAD 制图学习内容

AutoCAD 绘制设计图纸，其制图内容仍是基于手绘制图，遵照设计制图规范通过 AutoCAD 的各项功能进行绘制。AutoCAD 制图的主要学习内容：

① 熟悉 AutoCAD 的绘图环境，掌握软件的基本功能；

② 熟练掌握 AutoCAD 中键盘和鼠标的配合使用方法；

③ 掌握 AutoCAD 提供的各类绘图命令的使用方法；

④ 结合设计内容与制图规范，综合运用 AutoCAD 各项功能绘制图纸。

另外，AutoCAD 中大部分工具和操作命令都支持通过键盘与鼠标快速激活，这种快速激活的按键方式统称为"快捷键"。常用的功能命令都配有各自独立的专属快捷键。

使用快捷键最大的优点在于免去了切换选项查找点击命令的时间。牢记这些快捷键并在绘图中熟练使用，能有效提高 AutoCAD 的制图操作效率。

因涉及众多设计行业的应用需求，AutoCAD 目前的版本提供的界面功能复杂多样。而学好 AutoCAD 最重要的途径是结合专业制图的规范，循序渐进不断练习，最终实现独立的绘制 CAD 图纸。

第 二 章

AutoCAD 基本功能

本章将通过 AutoCAD 2018 版本，介绍 AutoCAD 的界面环境、绘图、修改、绘图辅助等各项主要功能，以及所对应的快捷键用法。通过循序渐进的学习，逐步掌握 AutoCAD 制图的基本操作技巧。

第一节　AutoCAD 开始界面

安装好 AutoCAD 后，在电脑系统的桌面上可找到软件快捷运行图标 **A**。鼠标左键快速双击该图标，即可显示 AutoCAD 的运行窗口（图 2-1），表示已成功运行 AutoCAD。稍等片刻即可进入

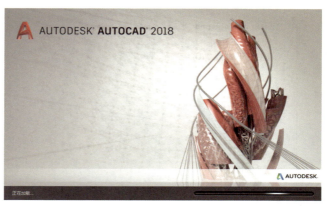

图 2-1　AutoCAD　2018 运行窗口

AutoCAD 的操作界面。这是最直接的运行软件的方式。如果桌面没有 AutoCAD 快捷运行图标，也可以通过鼠标依次点击桌面左下角的"开始"图标 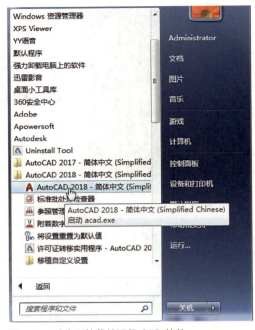 →"所有程序"→"Autodesk"→"AutoCAD 2018- 简体中文（Simplified Chinese）（文件夹）"→"AutoCAD2018- 简体中文（Simplified Chinese）"选项，也可运行 AutoCAD（图 2-2）。

如在"AutoCAD 2018- 简体中文（Simplified Chinese）"选项上单击鼠标右键后，通过"打开"→"发送到（N）"→"桌面快捷方式"选项，可在桌面添加 AutoCAD 的快捷运行图标（图 2-3）。

图 2-2　系统开始菜单运行 CAD 软件

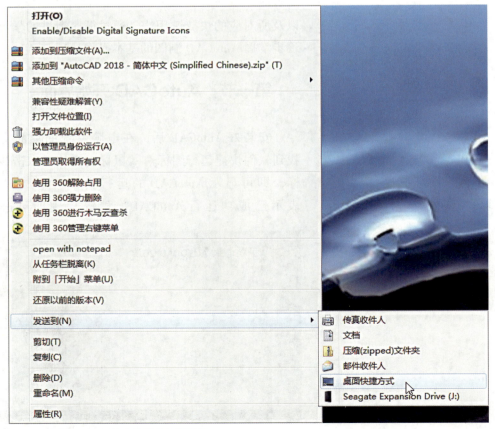

图 2-3　创建 AutoCAD 桌面快捷运行图标

运行后的 AutoCAD 如图 2-4 所示，刚运行的软件首先出现的是"开始界面"。这时的 AutoCAD 各项功能还不能使用，必须首先创建一个新图形文件或打开一个已经创建的图形文件。AutoCAD 提供了多种快速创建新图形文件的途径，也可以通过不同的方式浏览并打开电脑硬盘中已保存的"*.dwg"格式的图形文件。

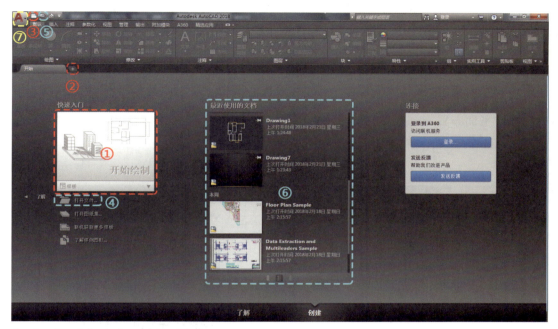

①、②、③—点击可新建图形文件；④、⑤—点击可浏览打开图形文件；
⑥—选择打开最近编辑过的图形文件；⑦—应用程序图标，集合新建与打开图形文件等功能。

图 2-4　开始界面

一、新建图形文件

如图 2-4 所示，如需创建新的图形文件，可通过鼠标点击开始界面的"①"和"②"处。新文件默认名称会以"Drawing+数字"来依次命名；也可以点击界面左上角"③"处的"新建"图标，在弹出的"选择样板"面板（图 2-5）中激活选择样板；还可通过快捷键【Ctrl】+【N】激活选择样板。如果只是创建一般空白的 .dwg 格式绘图文件，只需要选择默认的图

图 2-5　选择样板

形样板后直接点击右下角的"打开（P）"按钮就可以创建出新的图形文件。

二、打开 AutoCAD 图形文件

在图 2-4 中，鼠标左键点击开始界面的"④"和"⑤"处，都可以打开"选择文件"面板（图 2-6），也可以使用快捷键【Ctrl】+【O】激活该界面。在"选择文件"界面中，可以浏览特定硬盘位置下所保存的各种 CAD 图形文件。其中，界面最下方的"文件类型（T）"列表中，默认为"图形（*.dwg）"文件类型，点击列表还可以在展开的列表中选择其他三种文件类型。如图 2-6 所示，通过点击左侧的"文档"图标；在"我的文档"中选择"平面布置.dwg"文件；点击右下角"打开（O）"按钮，就可以将选中的图形文件在 AutoCAD 操作界面中打开了。

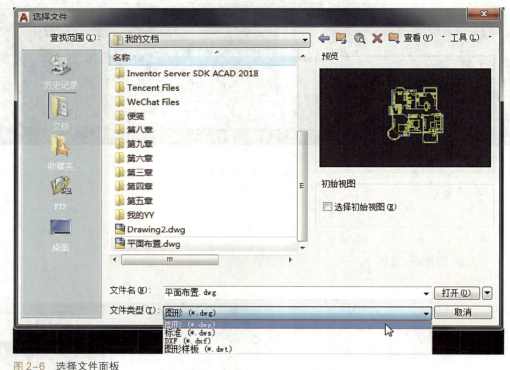

图 2-6　选择文件面板

如图 2-4 所示，"⑥"号区域中是 AutoCAD 为用户所提供的近期文件列表。显示的是最近打开过的一些图形文件的快捷选项，并且附带了缩略图以供参考。点击这些快捷选项，可快速打开需要编辑的图形文件，省去了通过激活"选择文件"面板浏览查找图形文件的时间。

另外，只要用户电脑中正常安装好任一版本可运行的 AutoCAD 软件，在硬盘中任何 ".dwg" 格式的图形文件上，双击鼠标左键，都可以使 AutoCAD 软件自动运行。运行软件后，在操作界面中也将自动打开该图形文件。如果双击图形文件前 AutoCAD 软件已运行，则会自动在操作界面中打开并显示该图形文件。

点击开始界面左上角 "⑦" 位置的 "应用程序" 图标，可展开 "应用程序菜单"（图 2-7）。前面介绍的几种常用的新建和打开图形文件的选项都集合在这个菜单中。

图 2-7　应用程序菜单

第二节　AutoCAD 绘图界面

新建图形文件后即可进入 AutoCAD 的绘图界面（图 2-8）。进入绘图界面后，绘图区上方的界面功能菜单就可以正常使用了。AutoCAD 的绘图界面为用户提供了功能

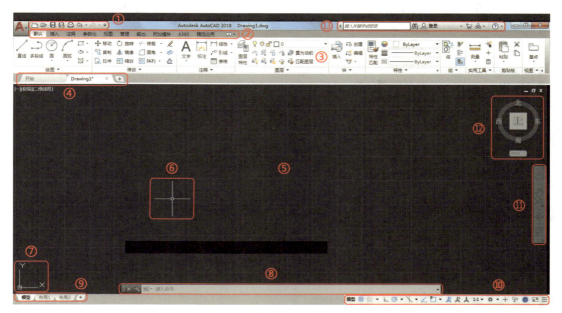

①—快速访问工具栏；②—功能区选项卡；③—功能区面板；④—图形文件选项卡；⑤—绘图区；⑥—绘图十字光标；⑦—UCS 坐标；⑧—命令输入行；⑨—模型、布局选项卡；⑩—应用程序状态栏；⑪—导航栏；⑫—ViewCube 工具；⑬—信息中心。

图 2-8　AutoCAD 绘图界面

强大的绘图环境。界面中间最大的区域是"绘图区"，其余的工具栏、菜单栏、功能面板等均围绕绘图区分布，共同构成完整的绘图界面。

一、快速访问工具栏

"快速访问工具栏"位于绘图界面左上方"应用程序图标"
的右侧，默认是由新建、打开、保存、另存为、打印、放弃、重做等工具构成（图 2-9）。直接点击工具栏上的按钮就可激活相应功能。

图 2-9　快速访问工具栏

（一）保存文件

新建和打开的图形文件，经过编辑修改后可通过"保存" 🖫 与"另存为" 🖫 保存进度。新建文件被首次保存时，点击"保存"按钮或使用快捷键【Ctrl】+【S】可以激活"图形另存为"面板（图 2-10），不仅可以选择新文件的保存位置，还可更改文件名称、文件类型等。设置完毕点击"保存（S）"按钮即可完成保存。已经保存过的图形文件，再次使用保存命令，文件将被自动保存在原路径，且不会出现"图形另存为"面板。在需要备份文件时，可点击"另存为"或使用快捷键【Ctrl】+【Shift】+【S】重新激活图形另存为面板。

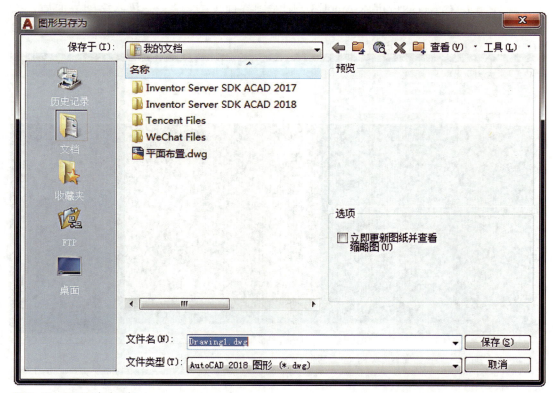

图 2-10　图形另存为面板

（二）打印

点击"打印" 🖨 或者使用快捷键【Ctrl】+【P】可将 AutoCAD 图形文件以纸质图纸或 JPG、PDF 等方式打印输出（打印的功能与参数设置将在之后的章节专门介绍）。

（三）放弃与重做

"放弃"与"重做"是一组相对的命令，当想要撤销已完成的绘制步骤时，可点击"放弃" ↩ 或者使用快捷键【Ctrl】+【Z】，每使用一次，撤销一步已绘制结果；而每一次点击"重做" ↪ 或使用快捷键【Ctrl】+【Y】，则可以恢复一次使用"放弃"命令撤消的绘制结果。所以，只有当"放弃"命令使用后"重做"命令才能使用。"放弃"与"重做"是 AutoCAD 制图中经常使用的命令。

（四）自定义

"快速访问工具栏"最右侧的工具是"自定义"，"自定义快速访问工具栏"菜单，可对工具栏中的工具进行添加、删除和重新排序。

二、功能区

AutoCAD"功能区"是一个非常重要的功能面板，AutoCAD 中与绘图相关的命令几乎都集中在这个面板之中（图 2-11）。面板上排只有文字的部分是"功能区选项卡"（点选"功能区选项卡"的标签，可切换显示不同的功能面板），其余部分为"功能区面板"。各种绘图命令按照功能类别分为不同的功能面板。例如"默认"选项卡下排列了绘图、修改、注释、图层等主要的绘图和编辑功能面板。

图 2-11　功能区

三、图形文件选项卡

AutoCAD 中打开的多个图形文件，以文件名为标签，并列显示在"图形文件选项卡"中。如图 2-12 所示，文件选项卡从左至右排列有三个标签，一个是默认存在的"开始"界面，还有两个分别是新建文件"Drawing1"和打开的文件"平面布置"。文件选项卡中虽可同时打开多个文件，但是能够在绘图区显示并编辑的文件只有一个。通过点击文件的名称标签，可更改在绘图区显示的文件内容，也可通过快捷键【Ctrl】+【Tab】按顺序切换需要显示的文件内容。多文件浏览编辑的功能给 AutoCAD 绘图带来了更多交互性，使绘图方式变得多样。

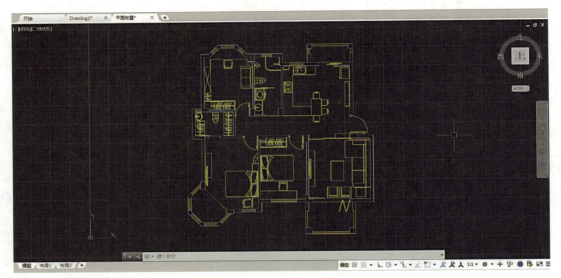

图 2-12　文件选项卡

四、绘图区、UCS 坐标

绘图区是整个绘图界面中面积最大的区域，用户可在区域内自由地绘图、编辑。绘图区没有边界，可随着绘图区域的扩大弹性扩展。代表 X 轴方向的水平红线和代表 Y 轴方向的垂直绿线相互交错，产生的交点是整个绘图区的原点。该原点上默认显示 UCS 坐标，无论怎样平移或缩放视图，UCS 坐标始终锁定在原点上。整个绘图区以坐标系的方式分布了等距的灰色网格线，能弹性缩放，可在绘图时起到一定的比例参考作用。

五、绘图十字光标与命令输入行

（一）绘图十字光标

在 AutoCAD 中绝大多数的操作都离不开鼠标的移动和点击。功能命令需要鼠标点击才可激活；图形的绘制更需要鼠标连续地移动和点击配合才能定位；编辑命令的使用也需要通过鼠标的选择来锁定目标。与电脑系统中一样，屏幕上的光标是鼠标在移动、选择、点击等操作时反馈效果的标记。AutoCAD 中的鼠标光标在不同区域移动时或者激活不同的命令时，其显示形式会有许多改变，这些改变能为用户进一步使用命令提供帮助（图 2-13）。

①—默认光标；②—点击光标；③—绘图光标；④—编辑选择光标 （注：绘图和编辑光标右下角出现的是动态输入提示，用于表明操作状态和显示输入参数，不同的命令其动态输入提示也不一样）。
图2-13　绘图十字光标

（二）命令输入行

"命令输入行"位于绘图区的正下方，是显示输入命令和参数的窗口。使用点选或快捷键所激活的工具都能在"命令输入行"窗口显示出来。激活工具后还会列出特定的选项，提示用户进行选择和参数输入，用户只需跟随提示选择，就可逐步完成绘图（图2-14和图2-15）。

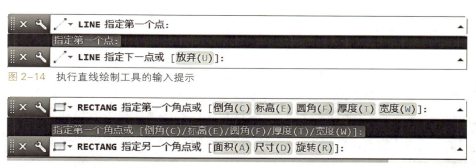

图2-14　执行直线绘制工具的输入提示

图2-15　执行矩形绘制工具的输入提示

六、ViewCube 工具、导航栏

绘图区的右边缘位置从上至下分别排列有 ViewCube 工具和导航栏。这两组工具提供了丰富多样的视图操控命令，使用户对视图中图形的观察更加自由。

（一）ViewCube 工具

ViewCube 工具与绘图区的视角紧密相连，整个图标是一个标有上、下、左、右、前、后六面方向的立方体，四周围绕的圆环标有东、南、西、北朝向标记。如图2-16中①所示，默认状态下 AutoCAD 绘图区的观察视角是正顶视方向，所以六面体显示为"上"。如将光标移动到六面体上不同的位置，就会显示代表不同视角方向的高亮标记。点击不同的标记，视角就会发生相应的转变（图2-17）。

图 2-16 ViewCube 工具

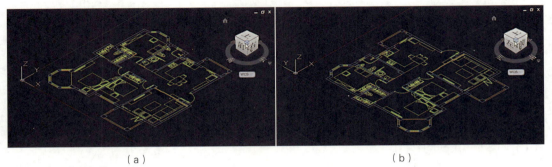

（a）　　　　　　　　　　　　　　　　　（b）

图 2-17 视角的切换

　　如仅需调整视图的顺、逆时针方向，可点击图标右上角表示顺、逆时针方向的箭头。点击需要旋转的方向，直至呈现需要的显示结果（图 2-18）。

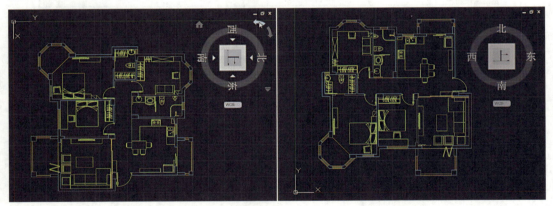

图 2-18 调整视图顺、逆时针方向

（二）导航栏

　　如图 2-19 所示，绘图区右侧中间的竖行工具栏是"导航栏"，集中了三维与二维的视图工具。在 AutoCAD 中制图所涉及的一般是二维平面，很少需要三维视角。依靠"ViewCube 工具"所提供的三维视图功能也能够满足一般的三维显示。对平面制图过程有所帮助的导航工具，是其中的"平移" 和"范围缩放" 工具。本书将集中在视图操作章节详细讲解这些工具的使用方法。

图 2-19 导航栏

七、模型、布局选项卡

位于绘图区左下角有一组标签栏（图 2-20），由"模型""布局""新建布局"几个标签构成。AutoCAD 中的绘图空间分为两种：一种是模型空间，是 AutoCAD 中进行绘图的主要空间，默认背景为深色调，在这个空间中的图形都是按照 1：1 的真实比例显示的；另一种叫布局空间，可将模型空间绘制的图形按照视口范围显示。视口中的显示比例可以调整。同时也能进行标注、添加图框等操作，是打印出图的专用空间，默认背景为灰色调。常用的切换"模型"和"布局"空间的方法：

图 2-20　模型布局选项卡

① 点选"模型布局选项卡"中相应名称的标签，就可以在"模型"和"布局"空间自由切换。

② 用快捷键【Ctrl】+【PgUp】和【Ctrl】+【PgDn】在"模型"与所有创建的"布局"之间按序切换。

③ 将光标悬停在"图形文件选项卡"标签上，在出现的预览图标上点击进入，如图 2-21 所示（蓝色方框表示当前视图所在空间）。

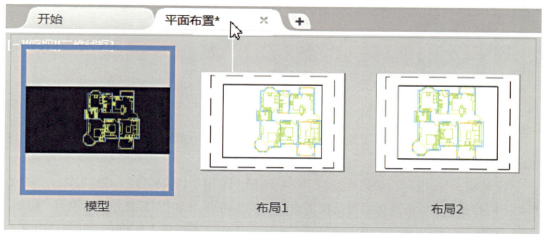

图 2-21　选项卡切换空间

布局空间为灰色调，模型空间中的图形只能按比例显示在视口边框内，边框外的部分是布局空间，一般用于标注与布置图框，极少绘图。打印边框用于标示可打印范围。如图 2-22 所示。

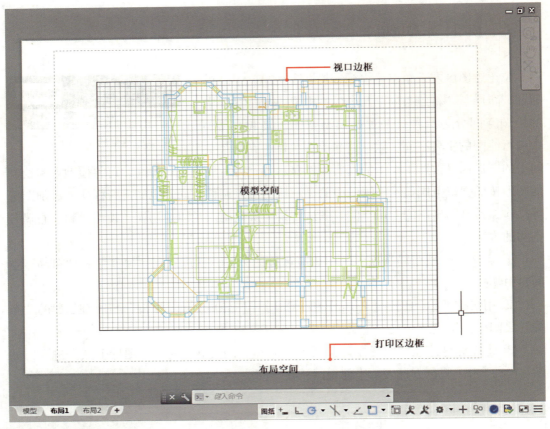

图 2-22　布局空间

八、应用程序状态栏

"应用程序状态栏"位于绘图区窗口右下角，集合了多种绘图辅助工具，以及其他显示绘图状态的图标。

① 如图 2-23 所示，状态栏左侧第一个图标，是用于切换图纸空间的工具，是专为布局空间准备的。点击图标后可从模型空间切换至布局，同时图标显示名称会从"模型"改为"图纸"（图 2-22）。如再次点击"图纸"图标，能够进入当前布局的视口内部，可对视口内模型空间的图形进行选择编辑等操作。

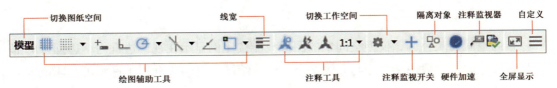

注：状态栏内的工具内容在"模型"和"布局"中会有针对性地增减。
图 2-23　应用程序状态栏

② 状态栏左侧的"绘图辅助工具"在绘图编辑中经常使用到。这些工具能与绘图编辑等命令同时使用，使绘图定位更加快速精准。

③ "线宽"命令是配合 AutoCAD 中重要的图层工具来使用的，允许直接在视图中显示图层设置的线宽。

④ "注释工具"用于显示注释比例及其可见性，尤其在布局中对视口显示比列的调节至关重要。

⑤ "切换工作空间"命令允许用户在不同的预设界面环境间转换，以适应当时绘图的需要。点击命令可显示出选项菜单（图 2-24），默认选择的是"草图与注释"，这也是专门绘制平面图形的界面环境；另外两种分别是"三维基础"和"三维建模"，其界面环境提供的主要是与三维建模相关的工具界面；"AutoCAD 经典"是早期 AutoCAD 版本的二维绘图界面环境，为了照顾老用户的使用习惯而一直保留，直至 2015 版本开始就不再提供此选项。AutoCAD 允许用户将自定义的工作界面环境进行保存，所以"AutoCAD 经典"属于自定义设置并保存的结果。

⑥ "注释监视器开关"用于控制"注释监视器"的打开或关闭。其功能是检测标注等注释与标注对象图形间的关联性。如图 2-25 所示，水平的尺寸标注与沙发图块的结构相关联，所以标注显示正常；而竖向的尺寸标注与图块的结构没有产生关联，所以在数字上出现了黄色惊叹号作为提示。激活"注释监视器开关"后，在"应用程序状态栏"中能看见"注释监视器"标记，检视功能才会起效。

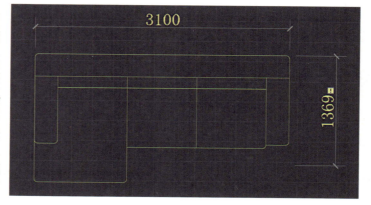

图 2-24　切换工作空间菜单　　图 2-25　标注关联检测

⑦ "隔离对象"用于将选中的对象隔离显示或影藏，再次点击可选择恢复被影藏或隔离的对象。

⑧ "硬件加速"用于优化计算机硬件更快运行软件。

⑨ "全屏显示"点击后会通过影藏"功能区"和"图形文件选项卡"的方式扩大绘图区的显示面积，再次点击即可恢复正常显示，也可按下快捷键【Ctrl】+【0（数字）】来使用。

⑩ "自定义"点击后会弹出"自定义功能选项菜单",用于勾选需要显示在"应用程序状态栏"中的命令。

第三节 AutoCAD 绘图环境设置

初次安装 AutoCAD 并使用时,需要更改相关的绘图环境设置,为绘图提供更多的帮助。设置的标准一般首先满足制图规范的需要,其次根据个人的习惯与喜好。通过设置还能增加绘图的显示质量,提高制图工作效率。通常只需要在首次运行 AutoCAD 时进行设置,之后如无再次变更可一直延续使用这些设置。

一、单位设置

AutoCAD 中单位的设置与制图规范、绘图精度密切相关,属于首要设置的部分。通过点击"应用程序"图标 A ,在展开的菜单中选择"图形实用工具"→"单位",可打开"图形单位"设置面板(图 2-26)。其中需要设置的部分包括 "长度" "角度" "插入时的缩放单位"。

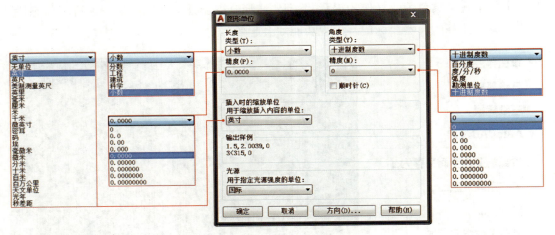

图 2-26 图形单位面板

① 长度:AutoCAD 具有固定的计量格式,每一个固定单位长度等同于多少现实长度,需要依靠在"长度"类型列表中的选择来决定。"长度"类型列表中包括"分数""工程" "建筑" "科学"和"小数"。其中,"工程"和"建筑"格式提供英制单位。默认的选项是"小数",提供的是公制单位,每个固定图形单位等于实际 1 毫米的长度。与目前国内的建筑、室内设计行业的制图规范单位要求一致。"长度"选项下还提供"精度(P)"列表,用于选择测量和注释结果的单位精确位数。室内、建筑设计行业制图以毫米为单位,精确到个位数即可,所以选择下拉菜单中的第一项"0"。

② 插入时的缩放单位：这一选项是针对插入图块和其他图形对象的单位设置，一般与"长度"类型列表所选择的单位统一。如果插入图块和图形的单位与当前图形文件的设置单位不同，就会进行自动缩放匹配，若不想对插入的块和图形做任何缩放，则选择"无单位"。

③ 角度："角度"设置与"长度"设置类似，主要设置角度的单位格式和角度测量注释结果显示的单位精确位数。"角度"类型选项列表选择常用的"十进制度数"。"精度（N）"也同样设置为"0"，即精确到个位数。

④ "顺时针（C）"复选项：该选项决定角度测量的正方向。默认测量正方向为逆时针方向，若勾选，则测量正方向改为顺时针（图 2-27）。该选项勾选与否，在对图形施加旋转、环形阵列命令时，会影响输入角度值后的默认旋转、阵列方向，还会影响"极轴追踪"捕捉的顺逆方向。

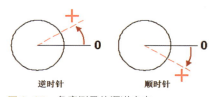

图 2-27　角度测量的顺逆方向

以上选项修改后需点击面板左下角的"确定"按钮，才可以保存。若需更改，则再次调出面板设置即可。

二、绘图界面设置

（一）功能区显示设置

如图 2-28 所示，功能区包括 "功能区选项卡"和"功能区面板"两个部分。光标点击面板下方的"标题"可将隐藏面板展开，当光标移离"展开面板"，面板将恢复隐藏。如想固定"展开面板"不收回，可点击"展开固定"图标 ⬚，再次点击则恢复自动隐藏。另外功能区面板下的部分"功能面板"，在其面板标题右下角有提供"面板"图标 ⬎，点击可打开相应的设置面板。

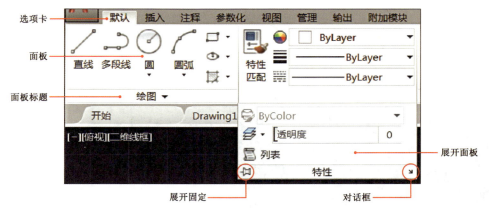

图 2-28　功能区面板设置

默认情况下功能区完整显示在整个绘图区的顶部,可以对功能区显示的大小进行设置更改:

① 如图 2-29 所示,功能区选项卡最右侧提供了"面板显示切换"按钮◻,点击按钮旁的显示设置图标▼,在打开的设置菜单中选择"最小化为面板按钮"模式,可使"功能区面板"变成名称按钮图标。当光标移至不同的图标上,其完整的功能面板才会展开;如想恢复完整显示模式,可点击按钮◻,即可恢复。

② 点击功能区选项卡显示设置图标▼,选择菜单中"最小化为面板标题"模式,"功能区面板"将变成标题。当光标移动至标题上,其中完整的功能面板才会展开;点击按钮◻,即可恢复最大化显示模式。

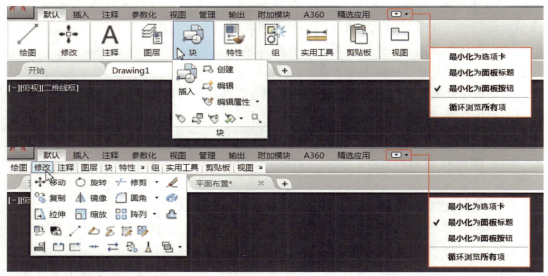

图 2-29　面板显示切换

③ 如图 2-30 所示,点击功能区选项卡显示设置图标▼,在菜单中选择"最小化为选项卡"模式,"功能区面板"将完全隐藏。将光标移至任意一个功能区选项卡标签上,该选项卡下的功能区面板将全部最大化显示,但光标移离该选项卡标签时,功能区面板将再次隐藏。若想恢复完整显示模式,则采用与①、②相同的操作。

图 2-30　最小化为选项卡

④ 点击功能区选项卡显示设置图标▼，在菜单中勾选"循环浏览所有项"，然后退回操作界面。这时每点击一次按钮▣，将会按照"最小化为面板按钮"→"最小化为面板标题"→"最小化为选项卡"→"完整显示"的顺序轮流切换功能区显示模式。

（二）绘图区显示设置

绘图区也提供多种显示设置的方式，通过这些设置可调整绘图区及绘图区周围显示的工具窗口和面板。通过功能区选择"视图"选项卡（图 2-31），在"视口工具"功能面板中，排列有三个功能图标："UCS 图标""View Cube"和"导航栏"。默认均显示为蓝色，表示在绘图区中三个工具图标是显示状态。光标点击图标则图标变为灰色状态，表示在绘图区中关闭显示。再次点击则恢复显示。

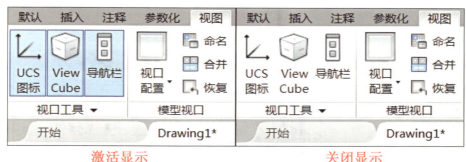

图 2-31　视口工具的显示与隐藏

绘图区"背景网格"和"背景颜色"的显示，都可以根据需要自行设置。背景网格默认是激活显示的，如果觉得影响绘图需关闭，可点击绘图区右下方"应用程序状态栏"中的"显示图形栅格"图标▦。当显示灰色图标▦时，绘图区中灰色的背景网格就会被关闭显示，再次点击图标则恢复显示；使用快捷键【F7】也可以快速隐藏背景网格，再次使用则激活显示。

设置绘图区的背景颜色需要首先激活"选项"设置面板。通过功能区"视图"选项卡"→"界面"功能面板 → 面板图标↘，打开"选项"设置面板。在打开的面板中选择"显示"选项卡，点击显示选项面板下的"颜色（C）"按钮，进一步打开"图形窗口颜色"设置面板（图 2-32）。

① 上下文：可以理解为按照一定的功能关系所进行的显示界面分类，可根据欲修改的界面功能来分类查找。选择第一项"二维模型空间"。

② 界面元素：每一个"上下文"中，都分为不同的界面元素，并按此为基本单位进行颜色的修改设置。在列表中选择"统一背景"选项，该选项即为绘图区的背景颜色。

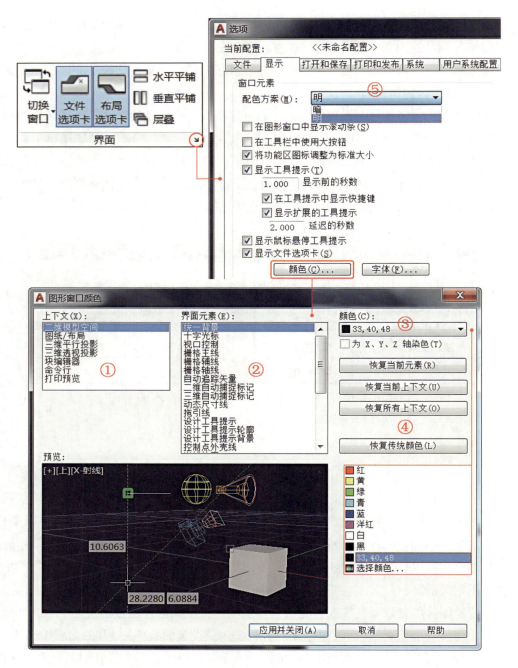

①—上下文；②—界面元素；③—颜色；④—恢复设置；⑤—配色方案。
图 2-32　图形窗口颜色设置面板

③ 颜色：在界面元素中选择"统一背景"选项后点击，即可在"颜色（C）"下拉菜单中显示出该界面元素当前的颜色参数。如需修改，点击展开下拉菜单可进行颜色的重新设置。选项中除了预设置的几种颜色，还包括"选择颜色"选项，点击可展开"选择颜色"面板，能进行各种自定义颜色的设置（图 2-33）。设置好替换的颜色后点击面板下方的"确定"按钮应用。

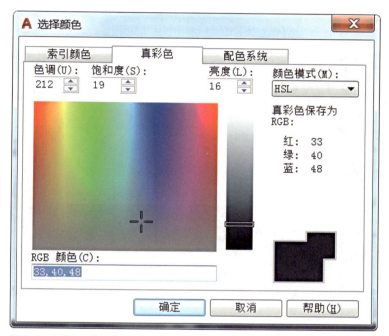

图 2-33　"选择颜色"面板

④ 恢复设置：如果需恢复自定义设置的配色，可以通过恢复设置的功能按钮进行。

"恢复当前元素（R）"：可将当前选中的界面元素选项恢复为默认颜色。

"恢复当前上下文（U）"：可使当前选中的上下文分类中的所有界面元素的颜色恢复为默认。

"恢复所有上下文（O）"：可将软件中所有的界面元素都恢复为默认的配色。

"恢复传统颜色（L）"：可将整个软件界面恢复为 AutoCAD 2008 版的经典配色，也可以通过前三种恢复按钮进行恢复。

⑤ 配色方案：是一种较快速简单的统一配色模版，点击展开的选项中只有"明"和"暗"两种选项，主要影响功能类界面的配色，对绘图区的配色几乎没有影响。

★注意：在设置更改任何"界面元素"的配色，或者使用任何"恢复设置"按钮后，都必须点击图形窗口颜色面板下"应用并关闭（A）"按钮，否则设置更改将无法起效保存。

（三）光标显示设置

光标在 AutoCAD 绘图中作用很大，不同功能命令下的光标有多种变化。在绘图区的光标还能进一步通过设置来改变绘图时的显示效果，对提高绘图精度有一定的帮助。

① 光标十字线：打开"选项"设置面板，在"显示"选项卡中找到"十字光标大小（Z）"（图 2–34）。该项设置可以改变绘图区十字光标的大小，实质上改变的是绘图光标十字线的长短。可左右移动设置滑动条，向右数值增大，光标十字线也变长；反之缩短。设置修改数值后需点击"应用"或"确定"按钮。

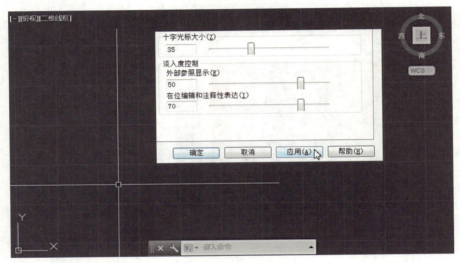

图 2–34　十字光标大小

如图 2–35 所示，十字光标设置最大数值为 100，当光标值设置为最大时，光标十字线将无限延伸至绘图区之外。延长的光标十字线是水平和垂直的，可以在绘图时起到一定的参考延长线作用。如不需要延长，则可重新设置恢复原有长度。

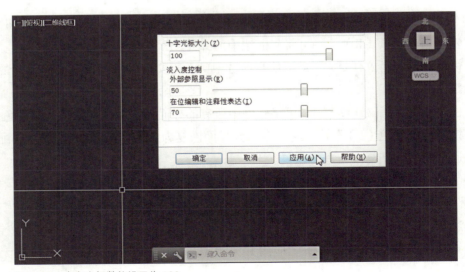

图 2–35　十字光标数值设置为 100

② 拾取框：绘图区的光标在激活修改类命令时会变为拾取方框，这个方框默认的大小在高清分辨率的屏幕中会显得很小，且不会随着视图的缩放而变化，有时不利于快速准确选择图形对象。如需改变拾取方框的显示大小，先打开前述的"选项"设置面板。点击"选择集"选项卡，在面板左上找到"拾取框大小（P）"设置（图 2-36）。

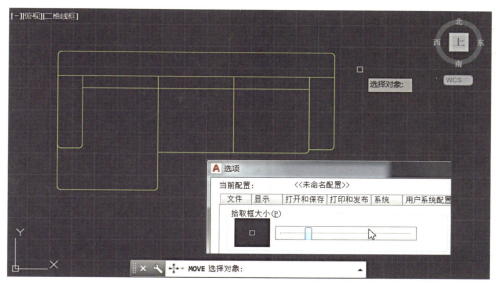

图 2-36　拾取框大小设置

拾取框大小的设置不显示数值，但有光标的预览图可供参考。滑动条向右侧为增大，向左侧为减小，分为几个等级。如图 2-37 所示，适当增大选择拾取框图标，在同等比例的视图中，选择对象时定位能更准确。具体该如何设置由用户根据当前显示状况自由选择。

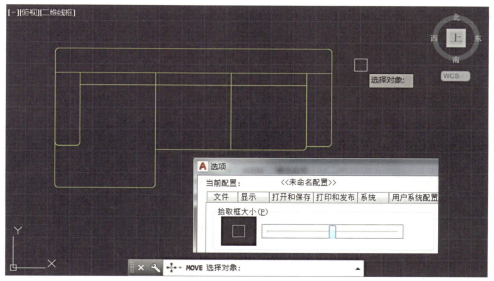

图 2-37　增大拾取框

三、保存设置

AutoCAD 所绘制的图形文件需要及时保存防止丢失，还要考虑到文件的兼容性问题，以使文件可以跨版本编辑。文件保存的相关设置仍然需要激活"选项"设置面板，在打开的面板中选择"打开和保存"选项卡。如图 2-38 所示进行设置：

① 另存为（S）：点击展开下拉菜单，可设置手动与自动保存文件时，默认保存的版本和格式。一般默认选择保存的是"*.dwg"格式，而版本默认选择的是"AutoCAD 2018 图形（*.dwg）"，与运行的版本一致。为了使保存的文件在低版本的 AutoCAD 软件中也可以打开编辑，在"另存为（S）"选项下拉菜单中，重新选择一个较低版本的保存格式。推荐选择"AutoCAD 2007/LT2007 图形（*.dwg）"，因

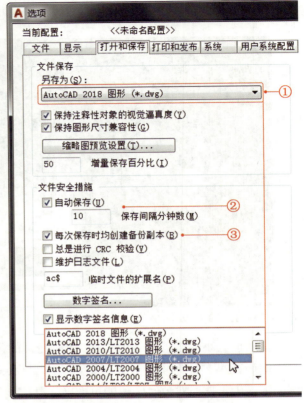

图 2-38 打开和保存设置

为 AutoCAD 2007 是 Win7 系统能够正常运行的 CAD 最低版本。

另存为版本格式选定后，激活"图形另存为"面板，就可看到下方"文件类型（T）"中的默认保存格式变为 AutoCAD 2007/LT2007 图形（*.dwg）。这样不用在每次保存文件时选择文件类型了（图 2-39）。

② 自动保存（U）：该选项默认勾选，下方可自由更改"保存间隔分钟数"。为避免自动保存过于频繁而影响操作，可将间隔时间设置得稍长一些。

勾选自动保存后，在绘图时会按照设置的保存间隔时间，自动将当前文件进度保存在默认的路径下。在出现图形文件意外关闭时，只需通过"图形修复管理器"找到自动保存的文件，即可恢复未保存的绘图进度。

当绘图时文件意外关闭导致进度丢失，可打开最近保存的文件。如显示出"图形修复管理器"（图 2-40），可在管理器"备份文件"目录中找到同名且后缀名为".sv$"格式的文件，双击即可将自动保存的进度恢复并打开。再通过"图形另存为"将打开的备份文件保存为".dwg"格式。

图 2-39　默认保存格式

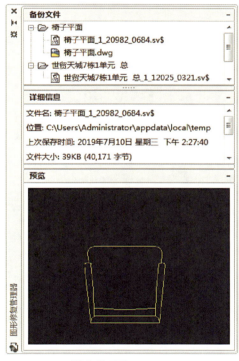

图 2-40　图形修复管理器

③ 创建备份：勾选此项后 AutoCAD 能在每次保存 ".dwg" 格式文件时，自动在同一目录下增加保存一个名称相同但格式为 ".bak" 的备份文件（图 2-41）。在 ".dwg" 文件损坏无法打开的时候，先将同一目录下该后缀名 ".bak" 改为 ".dwg"，然后就可在 AutoCAD 中打开该文件并编辑了。这种方式可最大程度恢复原有的 ".dwg" 格式文件的内容进度。

★**注意：**以上修改完成后需点击 "应用" 或 "确定" 按钮后再关闭 "选项" 面板，否则设置无法起效。

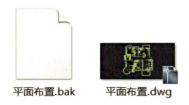

平面布置.bak　　　平面布置.dwg

图 2-41　同目录下的 ".bak" 和 ".dwg" 文件

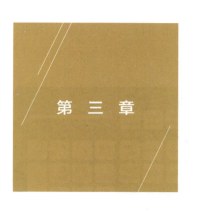

第 三 章

AutoCAD 键盘和鼠标操作

AutoCAD 中使用鼠标与键盘可激活和选择工具，在绘制和修改图形的过程中，大多数操作都需要鼠标和键盘配合完成。熟练地使用鼠标与键盘，是学习使用 AutoCAD 绘图与修改工具的前提。本章将详细介绍 AutoCAD 制图中鼠标和键盘的主要操作方法。

第一节　键盘操作

在 AutoCAD 绘图中，键盘主要的作用是"快捷键"的使用。快捷键是 AutoCAD 中激活工具或打开设置面板最快速的方式。常用的工具和设置面板都配有对应的快捷键，通过自定义也能随时修改这些对应的快捷键。其次通过键盘还可以进行参数的输入，以及配合鼠标完成多种操作。

一、快捷键激活工具

按键激活工具可以通过键盘上的【Ctrl】【Shift】和【Alt】键配合其他按键组合使用（图 3-1）。例如，【Ctrl】+【O】组合可激活"选择文件"面板，【Ctrl】+【Tab】

键可顺序切换"图形文件选项卡"的显示。也可通过某些单键来激活工具和面板，例如，点击【F1】键可激活"帮助"工具页面；点击【F2】键可调出完整的工具运行记录窗口。

图 3-1　PC 标准键盘

二、工具行输入激活工具

在 AutoCAD 中绝大多数的工具及面板对应的快捷键为字母按键，一般是其英文名称的首字母或简写。使用方式是按键输入快捷字母，按下【Enter】键确定。如图 3-2 所示，如需激活"直线（LINE）"绘图工具，先输入其首字母"L"，这时在光标右下方会出现一个"动态输入"工具行，并显示输入的字母"L"。同时在工具行下方会

图 3-2　激活直线工具

列出所有以字母 L 开头的工具。"L（LINE）"排序第一，如无其他选择只要直接按下【Enter】键确定，直线绘图工具就被成功激活了。

当然如果直接输入直线工具的英文全称【LINE】→【Enter】键，也同样可以激活工具，但是这样太过繁琐。只有在使用一些没有对应快捷键的工具时，才会输入完整的英文名称来激活该工具。如果使用频率较高，则可以对其自定义添加一个快捷键来使用。不论何种方式，激活工具后，在绘图区下方的"命令输入行"中，会显示出该工具的操作提示（图 3-3）。

图 3-3　激活工具后命令显示

三、参数的输入

在部分绘图与修改工具的使用中，需要通过键盘输入数字参数。上一章绘图环境设置的内容中，也有在设置时需要输入数值的情况。与之类似，只需要按照工具行的提示，按下数字键输入数值后按下【Enter】键确定即可。

四、键盘与鼠标配合

键盘与鼠标的配合可实现多样化的选择和操作方式。例如，选择图形、修改图形和视图的显示操作中，经常需要键盘与鼠标按键的配合才能完成。在接下来的鼠标操作中将详细讲解这些使用方法。

★注意：键盘快捷键是 AutoCAD 绘图中最重要的操作，请练习和牢记快捷键的使用方法。

第二节　鼠标视图操作

键盘的主要作用是激活工具和输入参数，而在绘图区中的图形绘制和修改操作等最适合灵活的鼠标来完成。如图 3-4 所示，鼠标的主要功能键包括：左键、右键、滚轮中键（有两种使用方式，第一种方式可上下滚动，第二种方式可像左右键一样点击或按住不放）。

AutoCAD 中通过鼠标对绘图区的显示操作包括平移和缩放两种。绘图过程中，经常需要通过缩放视图来调整图形的显示比例，通过平移视图来调整显示范围，以保证对不同图形细节观察时的清晰度。

图 3-4　标准鼠标键位

一、平移（PAN）

激活"平移"工具，可对视图区域进行上下左右的自由移动，以此来调整视图区域内显示的图形内容，但不改变图形本身的坐标位置。在 AutoCAD 中激活"PAN"工具的方式有以下几种：

① 输入快捷键【P】或【PAN】→按下【Enter（回车）】键确定。

②光标单击绘图区右侧导航栏中的"平移"按钮。

③单击鼠标右键，在弹出的右键菜单中选择"平移（A）"。

如图 3-5 所示，激活移动工具后，绘图区中的光标会变成手形图标。这时只要按住鼠标左键不动，同时上下左右移动光标，就可以平移视图来调整图形的显示范围了。激活工具后，在工具行中会显示出"PAN"工具，并在上方显示出取消工具的操作提示。松开鼠标左键，然后按下键盘左上角的【Esc】键，就可结束平移工具；或者单击鼠标右键，在弹出的右键菜单中选择"退出"也可结束当前工具。

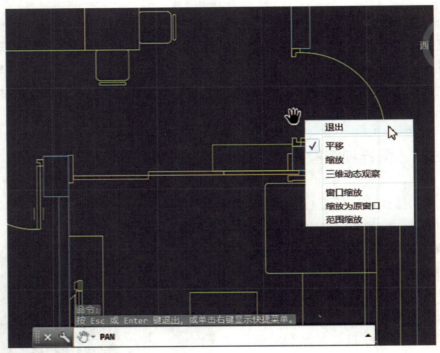

图 3-5　激活移动工具

④按住鼠标中键不放可直接使用"PAN"工具。

按住鼠标中间，当光标变为手形图标后，移动光标可平移视图，松开鼠标中间即可退出平移工具。此方法简略了激活和退出的步骤，一般绘图中主要采用这种方式使用平移工具。

二、缩放（ZOOM）

"缩放"工具可放大视图中图形的显示比例，使其细节看得更清楚；也可让视图中的图形整体缩小，让其显示得更完整。该工具仅针对视图的显示缩放，图形本身的尺度比例并不会改变。缩放工具包含了多种缩放模式，如果光标点击导航栏中"范围缩放"按钮 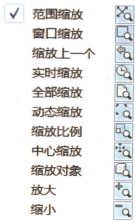 下的图标"▼"，就可展开"缩放模式"菜单（图 3-6）。

展开的菜单中共有 11 种不同效果的缩放模式，每种模式都有专门的图标对应。根据需要，首先在菜单中勾选相应的模式将其切换至当前（导航栏出现对应图标），然后直接点击导航栏图标即可在视图中显示相应缩放模式的效果。常用的缩放模式有以下几种：

图 3-6　缩放模式菜单与图标

① 范围缩放 。此模式是一种自动模式，无须选择缩放范围或对象。打开"椅子立面"文件，点击导航栏的"范围缩放"图标按钮（图 3-7），会将所有绘图区中可见的图形、标注等内容完全显示在视图中（图 3-8）；打开"椅子立面"文件后，双击鼠标中键可更快速地显示文件的所有图形，这是制图中最常用的缩放模式之一。

图 3-7　点击"范围缩放"图标按钮或双击鼠标中键

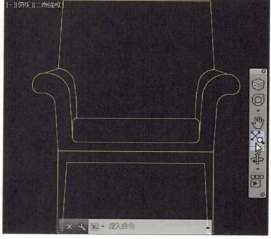

图 3-8　所有图形完全显示在视图中

② 窗口缩放 。点击"窗口缩放"图标按钮或输入快捷键【Z】→【Enter】键确定，可激活"窗口缩放"模式。激活该模式后，绘图区光标会变为带方框的放大镜图标" "（图 3-9），该模式需框选出缩放的窗口区域。移动光标分别左键点击图 3-9 所示的点 *a* 和点 *b*，确定矩形缩放范围后，就能将选定范围中的图形最大化显示在绘图区中（图 3-10）。当缩放完成后该模式自动退出。

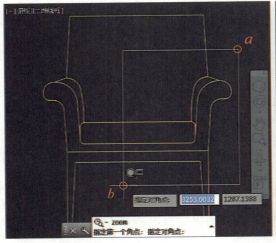
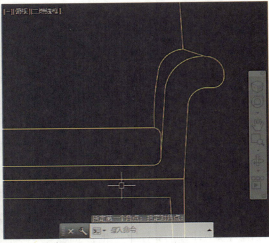

图 3-9　框选范围　　　　　　　　　　　　　　　图 3-10　框选范围完全显示在视图中

③ 实时缩放 。实时缩放是一种自由缩放的模式，单击鼠标右键，在弹出的菜单中选择"缩放（Z）"，可激活"实时缩放"模式" "。激活该缩放模式后在视图中光标变为放大图标" "。按住鼠标左键并向上滑动鼠标，光标变为带加号图标" "，图形同时被放大（图 3-11）；按住鼠标左键并向下滑动鼠标，光标变为带减号图标" "，图形同时被缩小（图 3-12）。按下【Esc】键就可结束实时缩放。

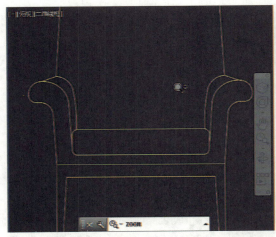
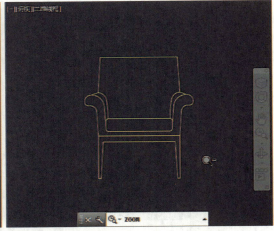

图 3-11　按住鼠标左键并向上滑动鼠标放大图形　　图 3-12　按住鼠标左键向下滑动鼠标缩小图形

④ 滚轮缩放。当光标停留在绘图区时，可通过鼠标滚轮的上下滚动对视图进行"实时缩放"，无须激活缩放工具。滚轮向上滚动放大图形，向下滚动则缩小图形，并且会以光标为中心进行实时缩放。

★注意：滚轮滚动的"实时缩放"与按住鼠标中键激活的"平移视图"配合切换使用，是视图操作中的常用组合。

第三节　鼠标选择操作

鼠标除了进行视图操作，还经常用于选择图形。AutoCAD 中经过多版本的优化，提供了多种使用方便且各具特点的图形选择方法。

一、点选

① 可以通过光标点选的方式选择单个图形或添加选择多个图形。

如图 3-13 所示，打开"组合沙发"文件，将光标的白色方框移至需要选择的目标图形上，该图形会被标亮显示。同时光标右下角会显示出图形信息，不同的图形类型，显示的信息也有区别。

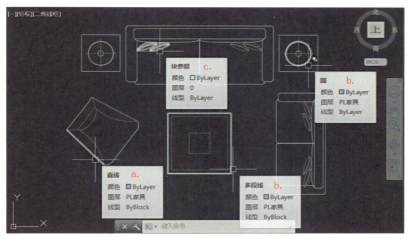

a—直线；b—图形；c—图块。

图 3-13　悬停显示

如图 3-14 所示，将光标移至图形上，按下鼠标左键即可选中该图形，被选中的图形会显示出蓝色小方块标记，该标记为图形控制的"夹点"，可用于编辑图形。选中一个图形后还可继续添加选择其他图形，当移动光标至第二个图形上时，光标的右上角会显示添加标记"+"，表示可以叠加选择该图形。再次按下鼠标左键即可添加选择前后两个图形，可添加选择的对象没有数量限制。

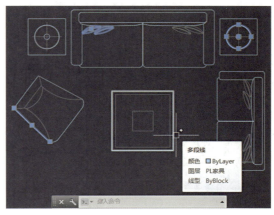

图 3-14　点选与加选

★**注意**：并非所有被选中的图形都会显示蓝色夹点标记，但均会被标亮显示，图块对象只会显示唯一的蓝色夹点（插入点）。

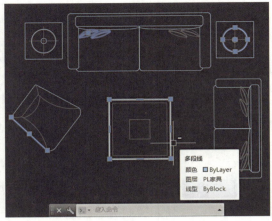

图 3–15　点选取消

② 选择多个图形后，还可通过光标点选来取消个别被选中的图形。如图 3–15 所示，当被选中的多个图形中，有需要取消选择的图形时，保持选择图形的状态，再按住【Shift】键，移动光标至需要取消选择的图形上，当光标右上方出现"–"标记时，点击鼠标左键即可取消这一图形的选择。如需取消所有选择，则可按下【Esc】键即可。

★**注意**：被取消选择的对象不再显示蓝色夹点标记或标亮显示。

二、框选

对于备选目标较多时，可以采用光标框选的方式来选择，以两点间框选的矩形区域来确定选择图形。选择复数图形时，使用框选的速度明显优于点选。可通过多次框选或框选、点选相结合的方式，叠加选择图形。

（一）正选与反选

框选时有正选选区和反选选区。如图 3–16a 所示，光标单击点 *a* 确定选区第一点后，从右向左对角划出的选区是绿色的，选框是虚线，此为正选选区；如图 3–16b 所示，光标点击点 *b* 后，从左向右对角划出的选区是蓝色的，选框是实线，为反选选区。在划出不同方向的选区时，光标右上角显示的图标也有明显区别，这两种框选方向在选择对象的条件上是不同的。

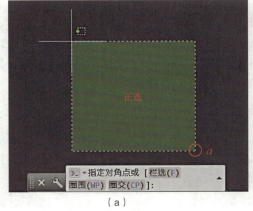

（a）

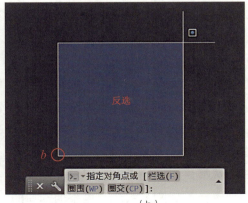

（b）

图 3–16　正选选区与反选选区的区别

正选时，线段或图形无论是否全部处于正选选区范围内，被选区碰触到的任何线段和图形都可被选中，选择的灵活性较大。如图 3-17 所示，通过正选选区选择图形时，先移动光标至目标对象的右侧确定第一点，然后向左移动光标划出正选选区，再通过鼠标左键点击第二点来确定该选区的范围。

图 3-17　正选选区选择对象

如图 3-18 所示，使用反选选区选择对象时，先移动光标至选择对象的左上或左下位置，鼠标左键点击确定选区第一点，然后从左至右对角移动光标，至能将所有欲选中线段或图形完整包含在选区中，再次点击鼠标左键确定选区范围。反选选区选择的对象必须完全处于蓝色选区内才会被标亮加粗显示，可被选中。选择时应该尽量避免使不需选中的图形也完整包含在蓝色选区中，如果无法避免，可分多次叠加选择。

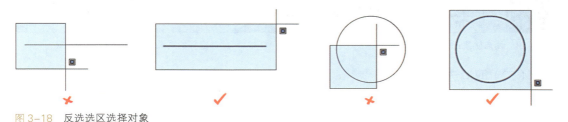

图 3-18　反选选区选择对象

如图 3-19 所示，打开"椅子平面"文件，使用正选选区框选椅子平面图的部分线段。先后通过点 a 与点 b，对角确定一个正选选区。椅子线段只需部分处于选区中，就会被标亮加粗地显示，表示满足被选中的条件。两点确定正选选区后，之前所有被标亮加粗的线段均显示出蓝色夹点，即表示线段被成功地选中（图 3-20）。

★注意：正选选区更适合备选图形数量多且较为集中的选择需求。

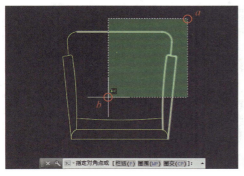

图 3-19　两点确定正选选区的范围

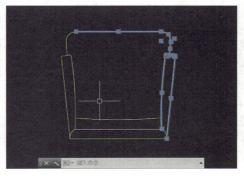

图 3-20　正选选择的结果

如图 3-21 所示，如需选择构成椅背结构的全部线段，首先从椅子图形左下角确定选区第一点，移动光标从左下至右上对角移动，当椅背结构线完全处于选区内，再次点击确定反选选区范围。尽管选区中其他的线段有部分处于蓝色选区之内，但是线段并未全部包含在反选选区中，所以未标亮加粗显示。最后如图 3-22 所示，完整处于反选选区中的椅子线段都显示出蓝色夹点，表示已被选中。

★**注意**：反向选择虽然条件苛刻，但使用得当可有效地从复杂的图形中筛选出目标，适合过滤性的选择需求。

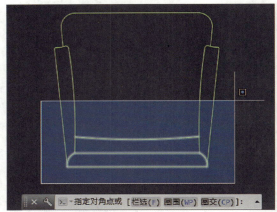

图 3-21　两点确定反选选区的范围　　　图 3-22　反选选择的结果

（二）取消选择

对已选中的图形，也可像点选选择方式一样，按住【Shift】键的同时，配合正选区或反选选区，取消部分已选择的线段或图形。

如图 3-23 所示，如需取消已选中的部分椅子线段，首先按住【Shift】键，再确定正选选区第一点，这时可松开【Shift】键，然后自由划出正选选区，框选欲取消选择的线段；在确定选区第二点后，凡是部分或全部处于选区内的线段被取消选择（图 3-24）。

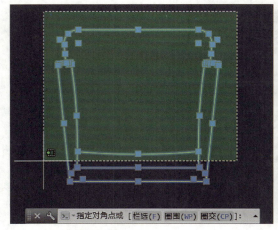 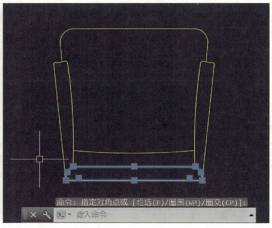

图 3-23　正选取消选择　　　　　　　图 3-24　正选取消结果

如图 3-25 所示，使用反选选区来取消选择线段时，首先按住【Shift】键，在确定选区第一点后即可松开按键；然后只要保证将所有需要取消选择的线段，完整包括在反选选区中，并确认选区第二点，就可以成功取消这部分被选择的线段（图 3-26）。

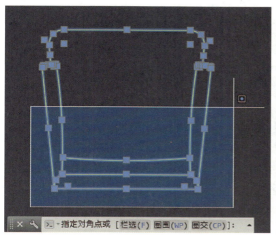

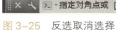

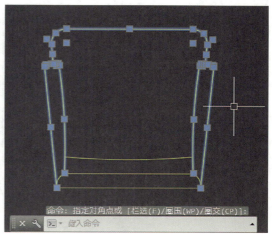

图 3-25　反选取消选择　　　　　　　　　　　图 3-26　反选取消结果

三、栏选、圈围、圈交

任意确定选区第一点后，命令行还提供了"栏选（F）""圈围（WP）"和"圈交（CP）"三种选择模式。根据选择提示输入括号内的快捷键，然后按【Enter】键确定，就可激活相应选择模式。

① "栏选"。激活"栏选"模式，绘制"栏选虚线"，并穿过目标线段或图形可确定被选择对象。如图 3-27 所示，先确定选区第一点 a，根据选择提示输入快捷键"F"，按下【Enter】键确定，当选区矩形框变为单根虚线，表示已激活"栏选"工具；然后依次确定点 b，c，d 的位置，在 a~d 四点间都有栏选虚线链接，并且凡是被此栏选虚线穿过的线段均被标亮加粗显示；在确定已选中了所有需要选择的线段和图形后，按下【Enter】键，即可确定选中的目标（图 3-28）。如不需要此次选择，可按下【Esc】键取消选择结果。

② 圈围与圈交。圈围与圈交是使用多边形的选区来框选线段和图形，相较于矩形选区框选更加灵活，也有正选与反选之分。圈围与反选选区相同，完全处于多边形选区内的线段和图形才可被选中；圈交的选择方式与正选选区相同，线段与图形只需要有部分处于选区范围中就能被选择。

★注意：如果在绘制栏选虚线或圈围、圈交的选区过程中出现定位点错误，可通过快捷键【Ctrl】+【Z】撤销最近一步确定的点，每使用一次【Ctrl】+【Z】将依次撤销一步已确定的定位点，直至恢复到开始确定"选区第一点"的状态为止。这三种模式也都支持配合【Shift】键来取消已选择对象。

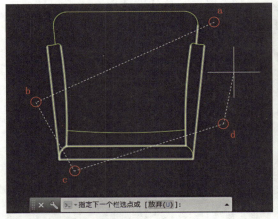
图 3-27　栏选模式选择对象

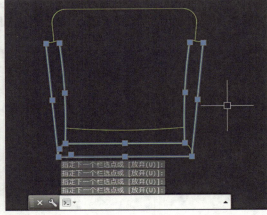
图 3-28　栏选结果

四、自由索套框选

AutoCAD 中还允许用户在绘制选区时，根据鼠标左键的"点击"和"长按"来切换"矩形选区模式"与"自由索套选区模式"。在确定选区第一点时长按鼠标左键不放，同时向左侧或者右侧移动就可以分别绘制出正选虚线选区和反选实线选区。

（一）正选

① 打开"人物立面"文件。如图 3-29 所示，需要选择图中完整的女性立面轮廓时，首先在轮廓图形右上角确定选区第一点，按住鼠标左键不松开，激活自由索套选区模式；然后根据轮廓图形的分布，逆时针沿着轮廓图形移动光标绘制出虚线绿色的正选选区。

② 如图 3-30 所示，进一步围绕目标轮廓图形绘制自由选区，同时观察轮廓图形的显示状态，判断下一步选区的移动位置。

③ 当目标轮廓图形都被选区选中后，松开鼠标左键即可成功选中女性立面轮廓的线段（图 3-31）。

图 3-29　确定选区第一点（正选）

图 3-30　自由框选人物立面图

图 3-31　选中女性立面轮廓

（二）反选

① 如图 3-32 所示，使用自由索套反选的模式来选择右侧男性立面轮廓。首先在轮廓图形左上方长按鼠标左键确定选区第一点，然后向右侧顺时针移动光标即可激活蓝色实线的反选选区。

② 按住鼠标左键继续沿着轮廓图形顺时针方向绘制自由选区，同时保证选区能完整框选男性立面轮廓的所有线段（图 3-33）。

③ 反选选中的线段高亮加粗显示，确认所需轮廓线段都已被选中后，就可以松开鼠标左键完成选择了。选择结果如图 3-34 所示。

图 3-32　确定选区第一点（反选）　　图 3-33　自由框选人物立面图　　图 3-34　选中男性立面轮廓

★注意：在绘制自由索套选区的过程中，无论是正选还是反选，鼠标左键必须长按不松开，确认选区绘制完成后才可松开。

用户在室内制图过程中经常需要面对各种复杂的图形环境，而 AutoCAD 所提供的多种选择线段和图形的方法可以叠加在一起进行操作，用户可根据当前选择的需要，挑选出最适合的方式配合操作。

第 四 章

AutoCAD 绘图辅助

二维图形的绘制与修改过程中，为了提高图形绘制的速度，保证修改编辑的精准度，AutoCAD 提供了一系列"辅助绘图"的工具，主要包括对象捕捉、对齐、对象追踪等功能。这些辅助工具可以同时在绘制图形和修改图形过程中激活使用，起到简化操作、提高制图效率的作用。

第一节　对象捕捉

AutoCAD 中可通过激活"对象捕捉"（OSNAP）工具，在绘制、选择图形及对图形的编辑过程中，借助捕捉已绘制线段或图形上的各类点来精确定位。对象捕捉是 AutoCAD 制图过程中常用的辅助绘图工具。其主要操作包括捕捉工具激活、捕捉设置和对象捕捉功能的使用。

一、捕捉工具激活

常用激活"对象捕捉"工具的方式有以下几种：
① 通过快捷按键【F3】激活"对象捕捉"工具。当"对象捕捉"工具关闭时点击【F3】键可激活工具，

再次点击快捷键【F3】则关闭工具。

② 点击"应用程序状态栏"中的"对象捕捉"按钮□激活工具。如图 4–1 所示，当图标变为彩色表示激活，显示为灰色表示关闭。

图 4–1　应用程序状态栏激活"对象捕捉"工具

二、捕捉设置

（一）设置方法

"对象捕捉"使用的效果主要取决于预先的捕捉设置，可通过捕捉设置菜单来进行选择。进行捕捉设置一般可以通过以下几种途径：

① 鼠标右键点击"应用程序状态栏"中的"对象捕捉"按钮□，或点击"对象捕捉"按钮旁的下拉图标▼，在展开的"捕捉设置快捷菜单"中直接勾选对象捕捉类型（图 4–2）。

② 通过键盘输入"SE"，按下【Enter】键，激活"草图设置"面板并选择"对象捕捉"选项卡，再勾选对象捕捉类型（图 4–3）。

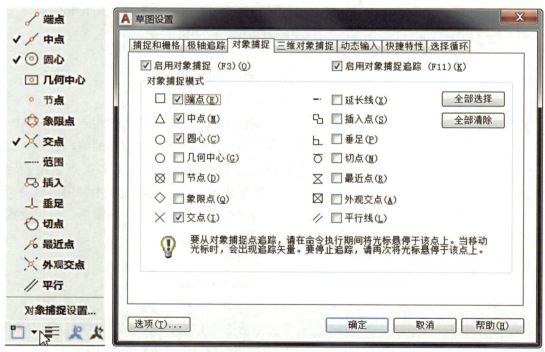

图 4–2　捕捉设置　　　图 4–3　对象捕捉选项卡
　　　快捷菜单

（二）对象捕捉类型

对象捕捉工具提供了多种捕捉对象类型，大多数是点的类型。其中，较常用的类型依次有端点、中点、圆心、交点、延长线、垂足、平行线。每一个类型选项前都有相对应的图标，这些图标也会在绘图区捕捉对象时显示，以便于区分被捕捉的对象类型。以下分别单选一种捕捉类型，分析其各自捕捉对象时产生的效果。

① 端点：如图 4-4 所示，打开"端点、中点"文件，文件包含常用的线段和图形。直线和曲线的两端即为端点所在位置，几何图形由线段所构成，也具备各自的端点。激活"对象捕捉"工具并勾选"端点"类型；激活任意的绘图或修改工具，当移动光标靠近线段的两端时，将自动捕捉到线段端点并显示出绿色方框标记。

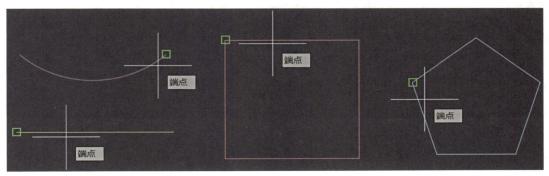

图 4-4 端点捕捉类型

② 中点：所有的直线和曲线段等距的中心位置即为中点，构成几何图形的线段也同样具有中点。如图 4-5 所示，打开"对象捕捉"模式并勾选"中点"类型，当光标靠近目标线段中心位置时，捕捉并显示出绿色三角形标记的位置就是线段的中点。

★**注意**：在对象捕捉模式下，不仅能快速锁定目标点，当光标离目标点足够接近时，还能自动将光标对齐至目标点上，这是提高绘图定位准确度的关键。

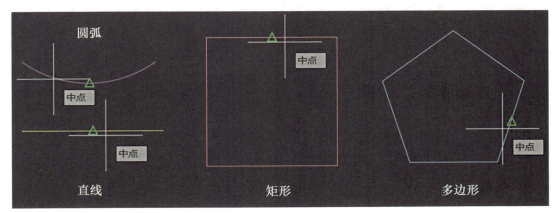

图 4-5 中点捕捉类型

③ 圆心：勾选"圆心"类型，可捕捉正圆的圆心点位置。此外，像圆弧及多段线绘制的弧线段均由正圆弧所构成，也都有各自的圆心点，都可以通过"圆心"捕捉到。打开"圆心"文件，如图4-6所示，分别捕捉圆弧、圆和多段线对象的圆心点。只要将光标靠近圆或者圆弧线段，该圆或圆弧的圆心点位置将显示出白色的"十字标记"。而右侧的多段线是由多个半径大小不等的正圆弧所构成，所以具有多个圆心点。当光标靠近白色圆心标记将捕捉并显示出绿色圆圈捕捉标记；光标移离圆心，捕捉标记会消失，但是白色圆心标记仍然会保留显示一段时间。

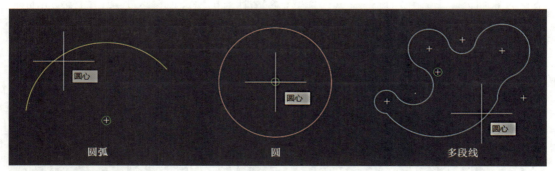

图 4-6　圆心捕捉类型

④ 范围（延伸线）：勾选"范围（延伸线）"捕捉类型后，通过线段与图形的端点，可延伸出该端点所在线段的延长虚线。

打开"范围（延伸线）"文件，如图4-7所示，激活直线绘图工具后，将光标分别靠近图中两条直线段右侧的端点，首次靠近会在端点出现绿色十字的标记，表示端点已被识别；然后移动光标沿着端点所在直线反向移动，就可延伸出该端点所在直线的延长虚线；如果光标再次靠近已被标记识别的端点，则端点的绿色十字标记就会消失，将不会再产生延伸虚线，但可再次通过光标的靠近激活标记（图4-8）。

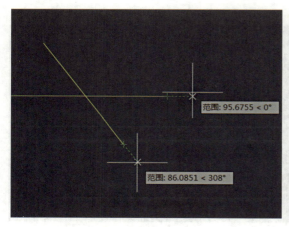

图 4-7　捕捉标记产生延伸线

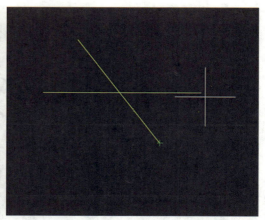

图 4-8　取消延伸线标记

　　"范围（延伸线）"捕捉类型还可作用于图形与弧线的端点产生延伸线。如图 4-9 所示，在断开的矩形、圆弧线上可以分别捕捉到端点并产生延伸虚线。圆弧线端点的延伸虚线与所在圆弧线弧度一致。

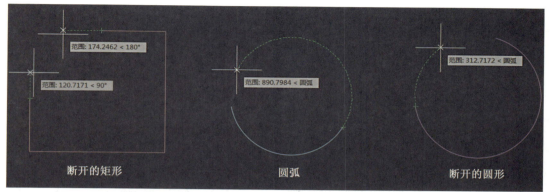

图 4-9　图形与圆弧线延伸线

　　⑤ 交点："交点"捕捉类型可配合延伸线捕捉与线段图形的相交点。"范围（延伸线）"通过捕捉端点产生延伸虚线的目的，还在于为绘图和修改操作获取准确的定位点。使用前需同时勾选"交点"和"范围（延伸线）"捕捉类型。

　　延伸虚线与周围线段产生交点。如图 4-10 所示，捕捉端点 *a* 所产生的延伸虚线，在延伸的方向可与任何其他线段相交产生交点，并会通过绿色的"×"形标记显示出来。这个点就能作为绘图或修改的定位点来使用。也可像点 *b* 这样跳过最近的线段，而继续延伸虚线与更远处的线段相交寻找交点。

　　延伸虚线之间也可通过产生虚拟的交点来辅助定位。如图 4-11 所示，分别捕捉端点 *c* 和端点 *d* 产生的延伸虚线可互相交错成为交点，也是一种延伸线定位的常用方法。

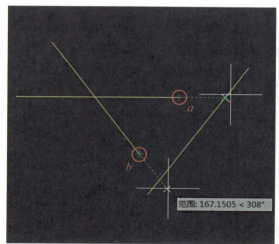

图 4-10　延伸线与实线的交点

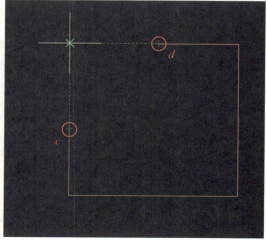

图 4-11　延伸线之间的交点

⑥ 垂足："垂足"捕捉类型能在绘图或修改过程中，捕捉到起点至目标线段间，能形成垂直连线的交点。打开"垂足"文件，如图 4-12 所示，图中是一个任意绘制的三角形。激活直线工具，通过端点捕捉，确定三角形左下角顶点为直线段的第一点；然后向对边移动光标，当光标移动至目标线边缘时，会显示出绿色垂足点的标记（与对象捕捉模式中垂足的标记一致），该标记位置即对角顶点与边线垂直连线的交点。在交点处确定直线段第二点可完成垂直线的绘制（图 4-13）。

★注意：AutoCAD 中已经提供其他捕捉水平和垂直位置的捕捉工具，所以垂足的捕捉作用是在非垂直与水平角度的线段上，确定与之垂直线段的垂足点位置。

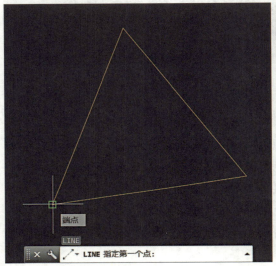

图 4-12　捕捉直线第一点

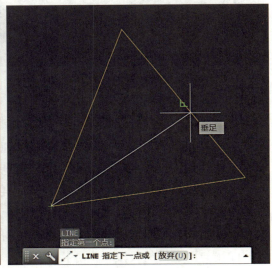

图 4-13　捕捉垂点为直线第二点

⑦ 平行：该捕捉类型在绘图或修改过程中，可捕捉锁定与目标线段平行的轨迹方位。打开"平行"文件，如图 4-14 所示，图中是任意绘制的一个五边形，如需要绘制一条直线与其中一条边线平行，在不知目标边线角度的情况下，即可勾选"平行"捕捉类型来辅助绘制与之平行的直线。首先勾选"平行"捕捉类型；激活直线工具，确定第一点后移动光标至五边形中目标边线上任意的位置，当显示出绿色双斜线的平行捕捉标记后，即表示已锁定目标边线；然后移动光标离开已锁定的边线（边线上的捕捉标记不会消失），如图 4-15 所示，当出现平行于目标边线的绿色延伸线虚线后，这时光标的移动轨迹会以磁吸的模式锁定在这条延伸线上；最后在延伸线上确定直线第二点即可完成平行直线的绘制。

★注意：平行捕捉类型一次只能捕捉一条线段，并锁定与之平行的方位。在光标锁定目标线段出现捕捉标记后，如需更改已锁定的线段，只需移动光标至锁定标记点的位置，当捕捉标记消失即可取消该次捕捉。重复之前的操作可再次捕捉锁定新的目标线段。

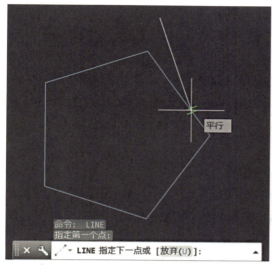

图 4-14　捕捉平行目标线段

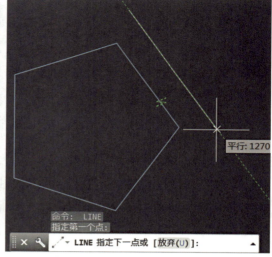

图 4-15　自动锁定平行轨迹

★ **注意：** 在绘图时建议同时勾选多种常用的捕捉对象类型，以减少切换勾选的时间。但有时在复杂的图形环境中，由于符合捕捉条件的图形太集中，反而会因此相互干扰不能准确捕捉到真正的目标对象，可采取单个勾选的方法排除干扰，之后再恢复多种勾选。

第二节　正交与极轴追踪

一、正交

"正交" 是 AutoCAD 中专门为用户提供的用于锁定平行、垂直轨迹方向的捕捉对齐工具。正交工具的使用和功能非常简单，在绘图或者编辑修改过程中激活该工具，可始终保持光标的运行轨迹锁定在水平和垂直两个方向上，但无法自由选择其他轨迹方向。常用激活 "正交" 工具的操作方式有两种：

① 使用快捷按键【F8】可直接激活 "正交" 工具，再次按下【F8】键即可关闭。

② 点击 "应用程序状态栏" 中的 "正交" 按钮 激活工具，当图标变为彩色时表示激活，再次点击 "正交" 按钮，图标显示为灰色表示关闭（图 4-16）。

图 4-16　应用程序状态栏激活 "正交" 工具

二、极轴追踪

"极轴追踪"兼具正交的功能，在正交功能基础上提供了更多样化的设置模式。在绘图和编辑过程中可优先捕捉预设角度的轨迹方向，也可以自由选择预设角度外的任意轨迹方向，兼具准确性与灵活性。

（一）"极轴追踪"工具的激活

常用激活"极轴追踪"工具的操作方式：

① 使用快捷键【F10】可直接激活"极轴追踪"工具，再次按下【F10】键即可关闭。

② 点击"应用程序状态栏"中的"极轴追踪"按钮 激活工具，当图标变为彩色时表示激活，再次点击"极轴追踪"按钮，图标显示为灰色表示关闭（图4-17）。

图4-17 应用程序状态栏激活"极轴追踪"工具

（二）"极轴追踪"工具的使用

"极轴追踪"工具在默认设置下和正交工具功能类似，只能锁定水平和垂直两个方向的轨迹，但也可同时通过光标选择其他自由的轨迹方向。

以直线绘制为例，激活直线工具后，首先确定直线第一点的位置（图4-18），然后通过快捷键【F10】激活极轴追踪工具，这时仍可以随意自由移动光标，选择任意角度方向作为直线的轨迹（图4-19）；当光标移动至靠近水平或垂直的轨迹方向时，会显示出绿色的轨迹延伸虚线，表示锁定了水平或垂直的轨迹方向。随着光标的靠近还能进一步通过磁吸的作用，将光标锁定在水平和垂直的轨迹线上移动（图4-20）。但与正交工具不同的是，这种锁定不是强制的，移动光标离开锁定范围即可恢复自由轨迹方向的选择。

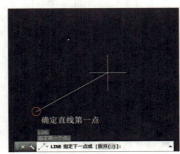
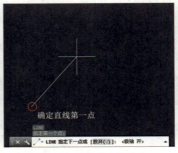
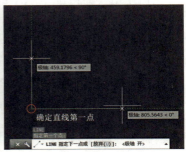

图4-18 激活极轴追踪绘制直线　　图4-19 可任意确定直线方向　　图4-20 也可锁定极轴捕捉轨迹

三、极轴追踪设置

通过修改极轴追踪设置还可以激活更多的功能。极轴追踪设置的内容包括增量角设置、附加角设置、对象捕捉追踪设置。

（一）增量角设置

"增量角"是极轴追踪捕捉轨迹延伸线的角度度量依据，对增量角的设置有以下两种途径：

① 在"应用程序状态栏"上鼠标右键点击"极轴追踪"按钮 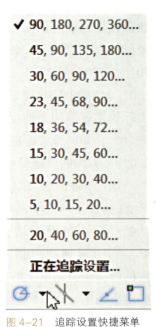，或点击极轴追踪按钮旁的下拉图标 ▼，在展开的"追踪设置快捷菜单"中选择"增量角"选项（图 4-21）。

② 通过键盘输入"SE"，按下【Enter】键可激活"草图设置"面板，点选"极轴追踪"选项卡，再点击"增量角（I）"下方选项栏右侧的下拉图标 ▼，在展开的"角度选择列表"中选择所需的角度值（图 4-22）。

图 4-21　追踪设置快捷菜单

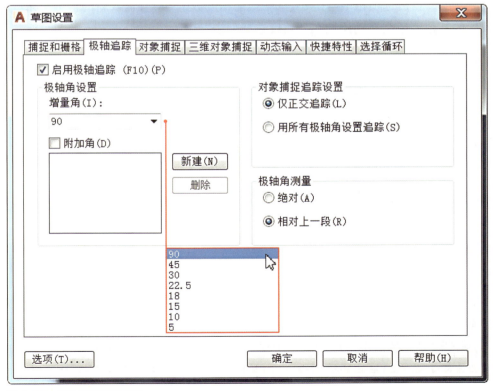

图 4-22　极轴追踪设置面板

默认的增量角角度是"90°"，表示以90°的倍数为捕捉角度的依据。在激活极轴追踪工具后可依次捕捉90°，180°，270°，360°（0°）角度上的轨迹延伸线，实际效果就等同于捕捉到了水平（0°，180°）与垂直（90°，270°）方向的轨迹延伸线。

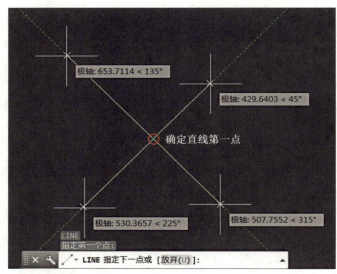

图4-23 增量角为45°的轨迹虚线

如图4-23所示，在展开的角度选择列表中选择"45°"，当设置增量角为45°时，可捕捉包括45°在内的所有倍数角度上的轨迹延伸线；回到绘图区重新激活直线工具，在绘图区任意位置确定直线第一点；然后沿圆周方向逆时针移动光标，并观察因新的增量角所产生的轨迹虚线有何变化。图中所标注的轨迹虚线不包括水平与垂直方向。

③ 除角度选择列表中所提供的角度外，还可根据需要添加其他的增量角度。如图4-24所示，点击选项栏中空白处，选中当前角度数值"90"，输入新的自定义角度"25"；输入后的新角度还会自动添加在"角度选择列表"中（图4-25）。

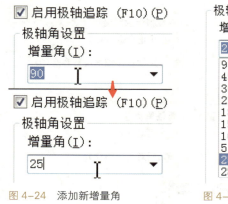

图4-24 添加新增量角

图4-25 选择新增量角

★**注意：**极轴中所设置的增量角的倍增角度，默认是按照逆时针方向以起点为中心旋转递增排列的（默认方向也可变为顺时针，详见第二章第三节"一、单位的设置"）。0°为所有增量角的最小倍数，作为所有角度的起始坐标，其能捕捉到的是，从起始点向右侧水平方向无限延伸的轨迹线。以此线为基础，逆时针计算累计的其他增量角度的延伸线，直至回到0°水平轨迹延伸线的位置。

（二）附加角设置

在"草图设置"面板的"极轴追踪"选项卡中,除了可设置增量角,还提供另外一种"附加角"功能的参数设置。附加角的作用大致和增量角一样,能够根据附加角所设置的角度捕捉轨迹延伸线,但也有一定的区别。如图 4-26 所示,附加角下的列表中默认是不提供任何角度选项的,需要手动添加。

图 4-26　附加角设置

① 首次运用必须先点击"新建（N）"按钮,同时勾选"附加角（D）"功能。

② 在列表出现的"输入行"中输入需要添加的捕捉角度。在图中输入"27"（图中增量角的选择是默认的 90°　）。

如图 4-27 所示,在绘图区激活直线工具后任意确定直线第一点;与增量角的计算方式一样,以起始点右侧水平的轨迹延伸线为起始坐标,逆时针方向移动光标,可以捕捉到夹角为 27° 的轨迹延伸线。但是再向逆时针方向移动光标时,无法继续捕捉到 27° 的其他倍增角轨迹延伸线。这是因为在附加

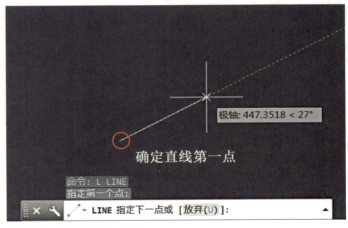

图 4-27　附加角轨迹延伸线

角列表中所添加的角度,只能使极轴捕捉到相同角度的轨迹延伸线,无法捕捉到其倍增角的轨迹延伸线。

新建的附加角参数可一直保留在列表中,列表中最多可以保留 10 个附加角参数。如需删除参数,光标单击选中列表参数后再点击右侧"删除"按钮;如需暂时取消附加角的捕捉效果,可点击取消"附加角（D）"前的勾选,再次勾选则激活。

（三）对象捕捉追踪设置

对象捕捉追踪设置是对应"对象捕捉追踪"工具的设置参数，有两种选择模式，皆须配合"对象捕捉"工具使用。其激活步骤如下：

① 激活"对象捕捉"工具，并通过捕捉设置快捷菜单勾选捕捉类型。

②点击"应用程序状态栏"中的"对象捕捉追踪"按钮，或者按快捷键【F11】激活工具（图4-28）。

图 4-28　对象捕捉追踪

打开"捕捉追踪"文件，激活"对象捕捉"工具并勾选"端点"与"范围（延伸线）"捕捉类型。在关闭"对象捕捉追踪"工具时，对象捕捉只可以捕捉到如图4-29所示的正六边形某个端点所在边线的延伸虚线，以及捕捉到如图4-30所示相同边线另一方向的延伸虚线。

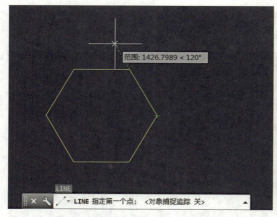

图 4-29　关闭"对象捕捉追踪"仅捕捉到延伸线

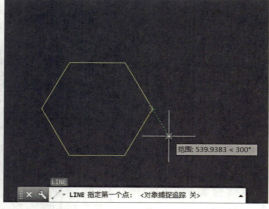

图 4-30　捕捉另一方向延伸线

如同时激活"对象捕捉追踪"工具，则可以在捕捉到端点时，将极轴追踪所产生的轨迹延伸线应用到被捕捉的端点上。如图4-31所示，通过"草图设置"面板 → "极轴追踪"选项卡，在"对象捕捉追踪设置"下默认选择是"仅正交追踪（L）"。这表示添加应用在捕捉点上的极轴追踪，将仅限于正交能捕捉到的水平和垂直两个方向的轨迹延伸线。

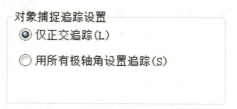

图 4-31　对象捕捉追踪设置

如图 4-32 所示，激活"对象捕捉追踪"工具后，被捕捉的六边形端点上可以显示新增的水平和垂直两个方向的极轴延伸虚线，并且仍然能够正常地捕捉到该端点所在边线的延伸虚线。

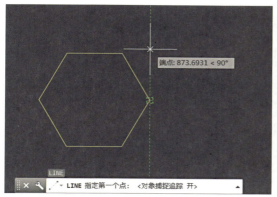
（a）

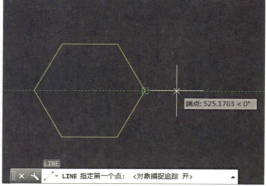
（b）

图 4-32　勾选"仅正交追踪（L）"，捕捉端点的垂直、水平轨迹延伸线

如果将"对象捕捉追踪设置"下默认选择更改为"用所有极轴角设置追踪（S）"，这表示极轴把在"增量角"与"附加角"中设置的能够被捕捉到的全部轨迹延伸线，都添加在捕捉点上。

如图 4-33 和图 4-34 所示，通过"极轴角设置"下选择增量角为"30°"，以捕捉的端点为中心，可以分别捕捉到 30° 及 30° 倍数角度的轨迹延伸线。图中分别捕捉到的是 30° 和 150° 角度方

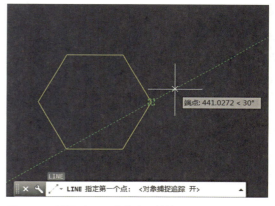

图 4-33　捕捉到 30° 的轨迹延伸线

向的轨迹延伸线，如图 4-35 所示，通过"极轴角设置"下"附加角"所添加的角度为"27°"，所以端点上还可以捕捉到 27° 角度方向上的轨迹延伸线。

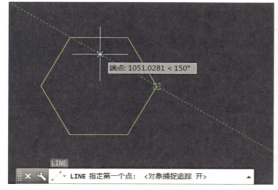

图 4-34　捕捉到 30° 倍数角度的轨迹延伸线

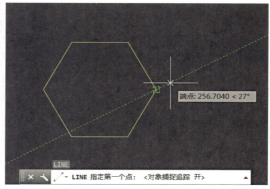

图 4-35　捕捉到附加角度（27°）的轨迹延伸线

★**注意：**在使用"对象捕捉追踪"工具配合对象捕捉时，"极轴追踪"工具是否激活并不会影响"对象捕捉追踪"工具的正常使用。但是"极轴角设置"下的"增量角""附加角"角度的设置和"对象捕捉追踪设置"下的选择模式，对使用效果有决定性的影响。

第 五 章

AutoCAD 二维图形创建

　　"二维图形"创建是 AutoCAD 制图过程中最基本的绘图工具。在 AutoCAD 中绘制图纸，首先创建基本的二维线段和几何图形，再通过"修改工具"所提供的图形编辑功能，对创建的基本二维线段和几何图形进行更为复杂的编辑和修改，从而得到与设计方案相符的平面、立面结构图。学习掌握常用基本二维图形的创建，是绘制完整规范设计图纸的基础。

第一节　线段的创建

　　AutoCAD 的二维图形创建工具中，部分工具所创建的对象为非闭合图形，属于线段类创建工具。这类工具主要包括直线、多段线和圆弧等。这些工具主要分布在 AutoCAD 功能区默认选项卡下的"绘图"功能面板中，可以通过点击工具图标来使用，也可通过菜单栏 → 绘图（D），在展开的绘图菜单栏中选择相应工具选项激活使用。最常用的激活工具方式是通过快捷按键，这种方式使用方便，效率高。

一、准备设置

开始绘图前，为提高效率，应根据绘图需要进行必要的设置：

① 激活"对象捕捉"工具，勾选"端点""交点"与"范围（延伸线）"等捕捉类型。

② 激活"极轴追踪"工具，选择增量角度，一般选择 90°、45° 或 30°。若有需要，还可增加设置"附加角"。

③ 激活"对象捕捉追踪"工具，根据需要选择一种对象捕捉追踪模式。

★注意：以上辅助工具设置顺序不分先后，制图中也可随时更改设置或关闭部分辅助工具；设置时建议优先使用"快捷键"激活工具，并使用"快捷菜单"进行设置。

二、直线（LINE）

"直线"创建工具是 AutoCAD 中最基本的二维图形创建工具。"直线"工具的功能使用简单，结合"对象捕捉""极轴追踪"等辅助绘图工具后，可准确绘制出图纸中绝大多数的构造图形。

（一）"直线"工具的激活

通常激活"直线"工具可以通过两种途径：

① 键盘键入"L"或"LINE"，按下【Enter】键确认。

② 通过"功能区"→"默认"选项卡→"绘图"功能面板→点击"直线"按钮 。

（二）"直线"工具的提示参数

如图 5-1 所示，激活"直线"工具，在十字光标右下方的"动态键入"工具行和绘图区下方的"命令行"中会出现相同的提示："指定第一个点"。绘制直线时，在光标周围还会提供辅助直线绘制的各项提示参数。

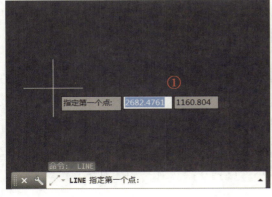

（a）

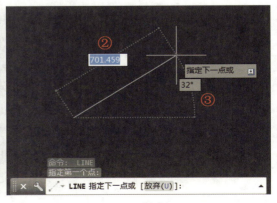

（b）

图 5-1　直线的提示参数

① 坐标：即时显示当前十字光标所处位置点的 X 轴，Y 轴的坐标值。

② 长度：即时显示出当前直线的长度数值，可为确定直线两点的间距提供参考，单位默认为毫米。

③ 角度：当绘制的直线呈非水平状态时，能实时提供直线夹角数值。

★注意：以上的提示参数都是在"动态键入"被激活的情况下才会显示，当点击关闭"应用程序状态栏"中的"动态键入"按钮 ，以上的提示参数将不再显示于光标旁，再次点击"动态键入"按钮可恢复显示。

（三）直线的绘制

两点连一线为直线绘制的基本方式，以点确定直线的长度、方向和角度。连续绘制直线，可完成具备一定图形特征的线段轮廓。虽然"动态键入"能提供实时的参数显示，

但确定直线的长度、方向和角度时，还需要依赖对象捕捉、极轴追踪等绘图辅助工具。

以直线绘制长 2800 mm、宽 1500 mm 的矩形为例，首先新建空白文件；然后进行绘图辅助工具设置；最后通过以下操作，使用"直线"工具完成矩形的绘制：

① 激活"直线"工具，在绘图区任意位置确定直线的第一点（图 5-2）。

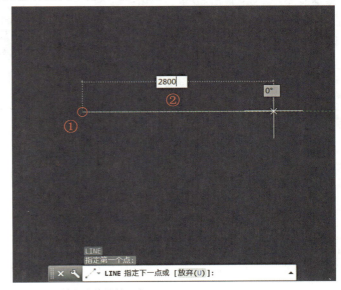

图 5-2 绘制直线的第一点

② 配合极轴，向右移动光标保持绘制的直线锁定在水平方向的极轴延伸线上；锁定直线水平的同时，键盘键入数值"2800"，按下【Enter】键确认，完成矩形第一条边线的绘制。

③ 向下移动光标，借助极轴捕捉，锁定直线在垂直方向的延伸线上，同时键入数值"1500"，按下【Enter】键确认，确定矩形短边的长度（图 5-3）。

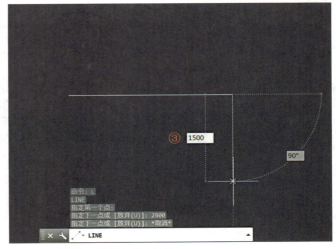

图 5-3 绘制矩形水平与垂直边线

④ 维持直线绘制状态不中断，移动光标回到起点捕捉端点（图5-4）。

⑤ 通过对象捕捉追踪向下生成垂直延伸线，与直线第三点向左产生的极轴水平延伸线垂直相交；在交点处点击鼠标左键确定矩形第三边的边长，可确保矩形上下边长相等并相互平行，也可在命令行中通过键盘键入数值"2800"确定第三边的长度（图5-5）。

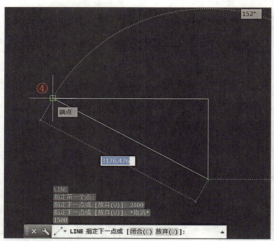

图5-4　捕捉端点

图5-5　向下产生垂直延伸线确定边长

⑥ 将光标再次移至起点上，显示端点捕捉标记后，按下鼠标左键即可闭合轮廓，完成矩形的绘制（图5-6）；也可在完成步骤⑤后，光标点击命令行中的选项"[闭合（C）]"，或在命令行中键入"C"后按下【Enter】键确定，均可直接完整闭合矩形轮廓。

⑦ 如图5-7所示，采用端点捕捉的方式绘制完矩形最后的边线，直线绘制并不会自动结束。如需结束可按【Space】、【Enter】或【Esc】键终止直线绘制；或单击鼠标右键，在弹出的快捷菜单中选择"确认（E）"选项退出。

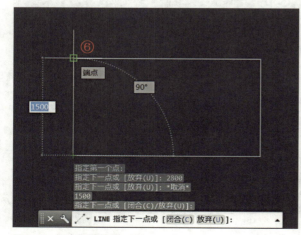

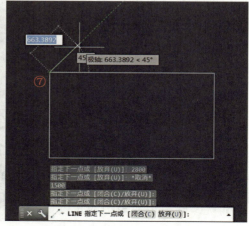

图5-6　闭合矩形轮廓

图5-7　端点捕捉绘制矩形边线

★ **注意:** ① 直线所绘制的图形看似点与点紧密连接,实则是由分离的独立线段组成。

② 取消退出直线绘制后,如须再次激活直线工具,可通过【Space】或【Enter】键快速激活直线工具(最近一次使用的工具),但中间不能使用其他绘图或修改工具。该操作可适用于绝大多数工具的重复激活。

③ 通过【Space】或【Enter】键再次激活直线工具后,如再按一次【Space】或【Enter】键,可以自动识别上一次直线绘制结束的端点,并将其作为起点接续绘制直线。

④ 在连续绘制直线时,如定点错误,可同时按下【Ctrl】+【Z】键,撤消最近一次所绘制的线段,且直线绘制不会终止,仍可接续绘制正确的线段;如多次使用【Ctrl】+【Z】键,将依照绘制的次序逐个撤销线段,直至回到刚激活直线工具的状态。

三、多段线（PLINE）

"多段线"又称为二维多段线,可创建出由直线与圆弧共同构成的相互连接的单个平面图形。其绘制的线段是首尾相连的整体,可在绘制过程中任意转换直线与圆弧,还可改变不同线段的线宽比例,甚至同一段直线或圆弧的首尾也可具备不同的线宽比例。

打开"座椅"文件,显示如图 5-8 所示的座椅正立面与侧立面图,两个座椅图外轮廓分别由一个连贯完整的多段线构成。将光标移动至图形外轮廓线段上并停留,可见整个座椅外轮廓线都被标亮加粗显示,证明这是一个连贯的整体。整个外轮廓的线段既有直线也有圆弧,共同构成椅子外部轮廓结构。

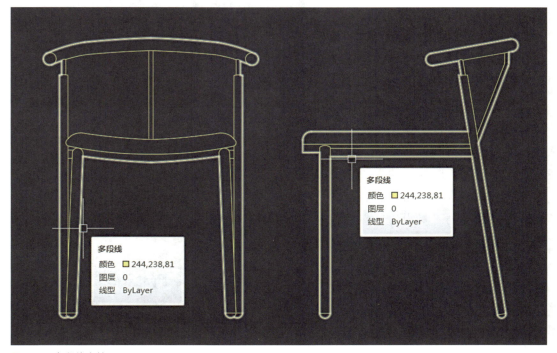

图 5-8 多段线座椅

连贯整体的多段线轮廓也能再次编辑，如图 5-9 所示，选中的椅子外轮廓显示出蓝色的控制夹点，可通过夹点对多段线进行再次编辑。在绘制复杂的轮廓时，无法一次通过多段线完成，可分段绘制，再通过合并功能最终结合为整体，图 5-8 所示的椅子外轮廓就是采用这种方式绘制的。当然也可将完整的多段线打断分解为多个线段。

（一）多段线的激活

通常激活"多段线"工具有以下两种途径：

① 在命令行中通过键盘键入"PL"或"PLINE"，按下【Enter】键确认激活。

② 通过"功能区"→"默认"选项卡→"绘图"功能面板→"多段线"按钮 激活。

（二）多段线的绘制

多段线的绘制方法和直线的绘制方法基本相同，配合辅助绘图工具，通过两点连一线的方式确定线段的长度、方向与角度。但多段线在绘图时，命令行中提供了多种选项，可在直线与圆弧间切换，还可改变线段宽度。以绘制简单胶囊图形为例（图 5-10），首先新建空白文件并完成辅助工具设置，然后在绘图区激活多段线工具开始绘制：

① 激活后的多段线默认开始绘制的是直线，首先任意确定多段线的第一点（图 5-11）。

② 向右侧移动光标，借助极轴捕捉锁定线段水平，键入长度数值

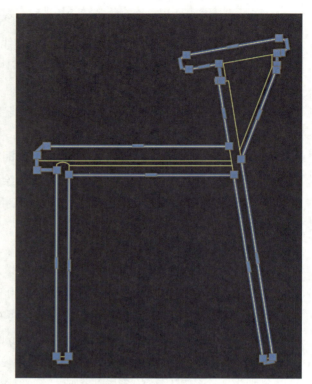

图 5-9　选中多段线显示夹点

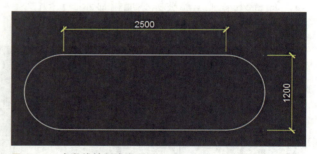

图 5-10　多段线绘制胶囊图形

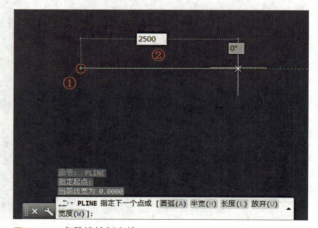

图 5-11　多段线绘制直线

"2500"按下【Enter】键确定，完成第一段水平直线绘制。同时在命令行会出现多个功能选项，每个选项名后的括号内都有对应的字母，键入选项对应的字母，按下【Enter】键确定，或直接点击选项名都可激活该选项功能（图5-11）。

③ 确定直线长度后多段线的绘制并未中断，可接着绘制第二段圆弧线段。光标点选命令行中提供的"圆弧（A）"选项，或直接键入对应字母"A"，按【Enter】键确定，可切换为绘制圆弧模式（图5-12）。

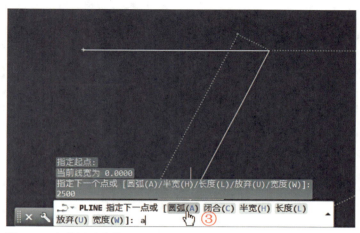

图5-12　切换圆弧选项

④根据命令行提示绘制圆弧线段。多段线中圆弧的绘制是通过圆弧所在圆的直径来确定圆弧的大小。配合极轴锁定圆弧直径向下并与水平线垂直，键入"1200"，按【Enter】键确定圆弧直径（图5-13）。

★注意：绘制过程中注意命令行的提示，切换不同的选项也会有相应提示。

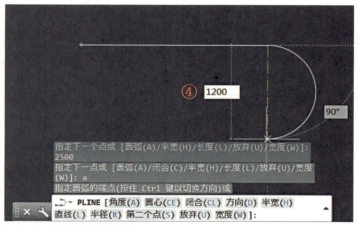

图5-13　多段线绘制圆弧线

⑤ 如图5-14所示，根据绘制的对象，第三段为绘制直线。可通过光标点击"直线（L）"选项或直接键入对应字母"L"，按下【Enter】键确定，即可切换回直线绘图模式。

⑥ 图形上下直线段长度相等且相互平行。可先移动光标至起点捕捉端点，通过对象捕捉追踪向下移

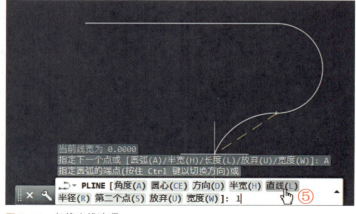

图5-14　切换直线选项

动光标产生垂直的极轴延伸线；与第三点向左产生的水平延伸线垂直相交产生交点；单击捕捉交点为多段线第四点，确定第三线段直线的长度；也可键入相同长度数值来确定直线长度（图5-15）。

⑦ 如图5-16所示，多段线第四段线段又是圆弧，所以同步骤③，保持多段线的绘制，通过光标点击命令行"圆弧（A）"选项，或直接键入对应字母"A"，按下【Enter】键确定，重新切换为绘制圆弧模式。

⑧ 如图5-17所示，配合极轴保持圆弧直径向上并与水平线垂直，键入"1200"按下【Enter】键确定圆弧直径；也可捕捉起点直接确定圆弧半径的长度。通过这两种方法完成圆弧绘制后，虽然整个多段线轮廓已封闭连贯，但是多段线绘制并没有自动终止，需通过取消的操作才可退出多段线的绘制。

★注意：如需在多段线绘制过程中直接闭合多段线轮廓，可选择命令行中所提供的"闭合"选项。

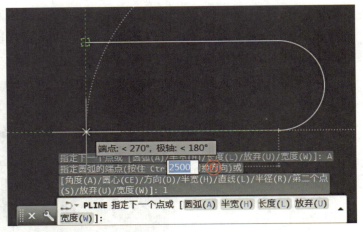

图5-15 绘制平行等距直线

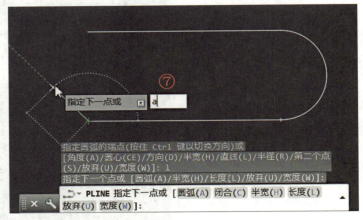

图5-16 再次切换圆弧选项

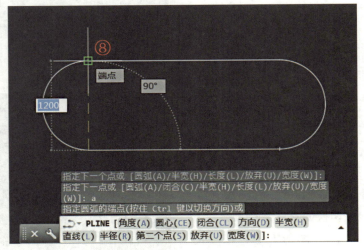

图5-17 封闭多段线轮廓

在直线模式下命令行显示的是"闭合（C）"；在选择圆弧模式下命令行中显示的则是"闭合（CL）"。不同模式下键入的相应激活字母也不同。在直线模式下选择闭合，会通过直线来完成多段线的闭合；而在圆弧模式下，则采用圆弧封闭轮廓。用闭合选项封闭轮廓可直接结束多段线绘制。

⑨ 如图 5-18 所示，封闭多段线轮廓后，或绘制多段线过程中想要终止线段的绘制，可 按【Space】、【Enter】或【Esc】键终止绘制；或单击鼠标右键，在弹出的快捷菜单中选择"确认（E）"结束。这与直线的绘制情况相同。

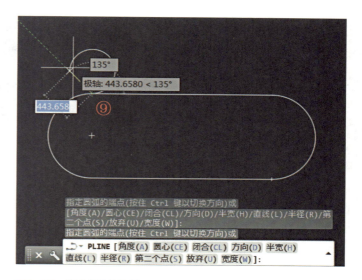

图 5-18　结束多段线绘制

★注意：多段线与直线绘制的操作过程中还有以下相同的地方：

① 通过【Space】或【Enter】键再次激活多段线工具，再按一次【Space】或【Enter】键，可以自动识别上一次多段线结束的端点，并作为起点开始接续绘制。

② 在绘制多段线的过程中，同时按下【Ctrl】+【Z】键可撤回最近一次绘制的线段，且绘制工具不会终止，仍可以继续绘制正确的线段；如多次使用【Ctrl】+【Z】组合键，将依照绘制的次序逐个撤销已经绘制的线段。若所有绘制线段都撤消后，则回到刚激活多段线工具的状态。

（三）多段线的宽度

多段线绘制中，命令行的选项中提供了"宽度（W）"。该选项可更改绘制线段的显示宽度。在激活多段线并确定第一点后，在命令行中就能选择"宽度（W）"选项进行设置。光标点选命令行中的"宽度（W）"选项；或者键入对应字母"W"，按下【Enter】键就可激活宽度的设置。多段线中宽度的设置有以下几个特点：

① 默认情况下多段线显示的宽度数值为"0"，通过更改大于"0"的数值来增加线段显示的宽度。

② 多段线中的各线段按照线段点绘制的顺序，分为起点和端点两个方向，起点和端点的宽度数值可以相同也可不同。

③ 多段线的绘制中，每段线段不论是直线还是圆弧，在确定下一个端点前均可激活"宽度（W）"的选项，设置不同的宽度数值。

④ 最近一次多段线绘制时所设置的宽度数值，在绘制下一个多段线图形时会作为其默认的起始宽度。

如图 5-19 所示，制图中经常会绘制一些特殊的符号，以满足设计制图中的一些规范要求。通过将多段线起点与端点设置为不同的宽度，就可以轻松得到所需的箭头符号。

图 5-19　多段线绘制符号

绘制图 5-19 中右侧箭头的步骤如下：

① 激活"多段线"工具，依次绘制多段线箭头的前三段直线，分别为水平直线长度：800，垂直直线长度：300，以及水平直线长度：500；然后键入"W"，按下【Enter】键确定，激活宽度的设置（图 5-20）。

② 按照命令行提示，首先键入起点宽度"60"，按下【Enter】键确定；然后键入端点宽度"0"，按下【Enter】键确定（图 5-21）。

★注意：如果需要线段宽度一致，则在命令行中对起点和端点宽度键入相同数值。

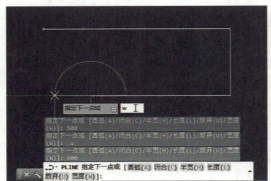

图 5-20　绘制多段线箭头直线段

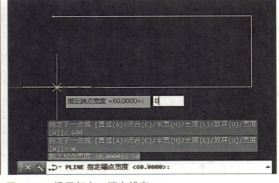

图 5-21　设置起点、端点线宽

③ 键入箭头线段的长度"200"，按下【Enter】键确定，结束多段线绘制，得到完整的箭头符号（图 5-22）。

多段线的线宽设置可应用在很多制图内容上，例如，对图框线的部分加粗、图名下方的加粗横线，以及楼梯上下行的方向箭头等。可以通过多段线绘制一些需要区分线宽的图形符号，例如，绘制坡度符号、详图符号的加粗圆圈（图 5-23）。

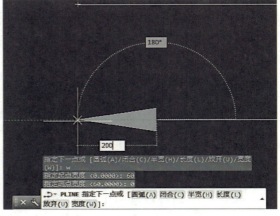

图 5-22　确定箭头线段长度

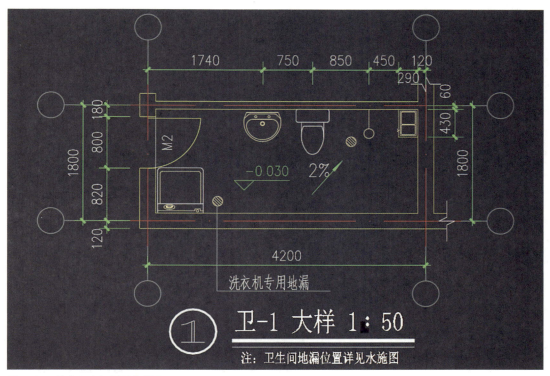

图 5-23　住宅卫生间平面大样图

（四）编辑多段线（PEDIT）

激活"编辑多段线"工具，可再次编辑已绘制的多段线图形。激活"编辑多段线"工具主要通过以下方式：

① 鼠标左键双击多段线图形。

② 键盘键入"PE"或"PEDIT"，按下【Enter】键确认→点选多段线图形。

③ 通过"功能区"→"默认"选项卡→"修改"功能面板→"编辑多段线"按钮 →点选多段线图形。

通过以上步骤，将显示出编辑多段线工具的"修改选项列表"。大部分修改选项与多段线绘制中，命令行所提供的选择项相同，但也有一些新增的修改选项功能。移动光标点选相应的修改选项即可使用。

编辑多段线列表中提供的功能选项很多，常用的选项有以下几种：

① 闭合（C）与打开（O）。这是一组相对的工具，不会同时出现在选项列表中。如图 5-24 所示，双击未封闭的多段线图形，选择"闭合（C）"能将该多段线自动连线封闭；选择"打开（O）"，可将之前通过闭合选项封闭的连线去除，从而恢复为未封闭时的状态（5-25）。

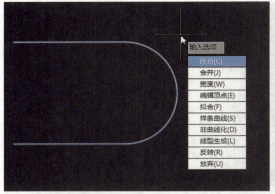

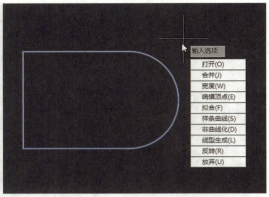

图 5-24　双击未封闭的多段线显示"闭合（C）"　　图 5-25　双击封闭的多段线显示"打开（O）"

② 合并（J）。"合并"可以一个多段线为基础，合并其他的多段线或非多段线，形成一个新的完整连贯的多段线轮廓。

如果需要合并的对象中没有多段线，可将其中任意一个线段先转换为多段线。另外，合并的每个线段，其端点必须相互紧密重合，才可进行合并。

a. 打开"器皿 01"文件，如图 5-26 所示，这是一个酒杯容器的图形，可通过"合并（J）"选项，将其松散的外轮廓线段合并为一个独立完整的多段线轮廓。

b. 首先激活编辑多段线工具，然后选择酒杯轮廓其中的一段圆弧线（图 5-27）；选择线段后

图 5-26　外部轮廓由直线与圆弧端点相连构成

出现提示："是否将其转换为多段线？<Y>"。按下【Enter】键可确定转换，也可按下【Esc】键取消选择对象，再继续选择其他线段（图 5-28）。

c. 转换完成后，在编辑多段线选项列表中选择"合并（J）"（图 5-29）；然后通过点选和框选，依次选中构成酒杯外部轮廓的所有线段（图 5-30）；确认无误后按【Enter】键或点击鼠标右键确定完成合并，然后再按【Esc】键退出编辑。

图 5-27　选中圆弧线

图 5-28　转换圆弧为多段线

图 5-29　选择合并选项

图 5-30　选择需合并的多段线

d. 最后如图 5-31 所示，合并完毕后将光标移动至酒杯外轮廓线的任意位置上，整个外轮廓标亮加粗显示，成为一个完整的多段线轮廓。

③ 宽度（W）。"宽度"选项用于修改整个多段线图形中所有线段统一的显示宽度。打开"器皿 02"文件，如图 5-32 所示，双击酒杯外轮廓线，在选项列表中选择"宽度（W）"；接着根据光标旁出现的提示："指定所有线段的新宽度："，键入数值"1"→【Enter】

图 5-31　完整多段线轮廓

键确定（图 5-33）；更改数值后就可以立刻看到酒杯多段线轮廓整体被加粗了（图 5-34）。如需要重新调整显示线宽，则重复之前的操作修改参数即可。

图 5-32　选择宽度选项　　　　图 5-33　键入宽度数值　　　　图 5-34　修改多段线宽度

④ 编辑顶点（E）。可以通过对多段线顶点（也即端点）的一系列编辑，修改多段线的轮廓形状。

如图 5-35 所示，双击多段线轮廓，在选项列表中选择"编辑顶点（E）"，点击选项后会进一步展开"编辑顶点"选项列表。列表中的工具提供了多样化的编辑方式。

（五）快速编辑多段线

编辑多段线的操作主要通过编辑多段线工具所提供的选项功能来实

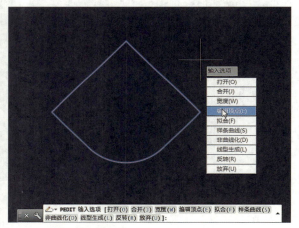

图 5-35　多段线编辑顶点

现。此外，还可通过编辑夹点来快速修改多段线的轮廓。如图 5-36 所示，打开"台灯"文件，显示的是一个台灯的立面图形，其外轮廓为单一封闭的多段线。选中其外部多段线轮廓后，将光标移动至多段线任意端点的蓝色夹点上，光标右下方出现几个选项，选项分别是"拉伸顶点""添加顶点"和"删除顶点"。

在图 5-37 中，当光标移至多段线任意线段中点的夹点上时，光标旁也会出现选项，分别为"拉伸""添加顶点"和"转化为直线（圆弧）"。其中，第三项如果中点所在的线段为圆弧则显示为"转化为直线"，反之则显示"转化为圆弧"。

① 拉伸顶点。如图 5-38 所示，选中多段线外轮廓，将光标悬停在灯罩右上的夹点处，当夹点变为红色时光标将自动捕捉该夹点。此时鼠标左键点击或在弹出的选项中选择"拉伸顶点"，均可选中夹点并自由地移动编辑。将选中的夹点锁定在向右的水平轨

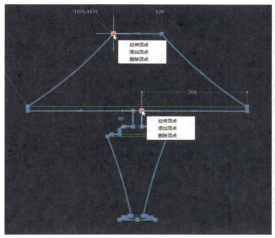

图 5-36　快速编辑多段线选项（顶点）　　　　图 5-37　快速编辑多段线选项（中点）

迹延伸线上，同时键入数值来调整顶点所在直线的长度。原始长度为 120 mm，此时键入新的长度值"150"，按下【Enter】键确定，可使夹点（顶点）向右侧水平移动 30 mm 的距离。

图 5-39 中，同样的方式选中灯罩左上的夹点，并将夹点锁定在向左的水平轨迹延伸线上；键入新的长度值"180"，按下【Enter】键确定，使该夹点（顶点）向左侧水平移动 30 mm。

②拉伸线段。如想通过拉伸线段来编辑多段线轮廓，可移动光标至多段线上任意线段的中点夹点上，当夹点变为红色，即可自动捕捉到该夹点。此时鼠标左键点击或在弹出的选项中选择"拉伸"选项，可以随意移动选中的夹点，改变线段的位置。其控制方法与"拉伸顶点"的编辑类似，但在移动线段位置时，与其两端相连的线段也会同时改变。

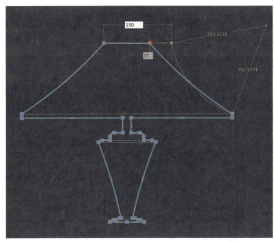
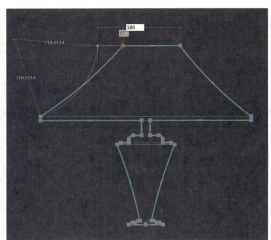

图 5-38　拉伸灯罩右上角顶点　　　　图 5-39　拉伸灯罩左上角顶点

③ 添加顶点和删除顶点。

a. 添加顶点：当光标锁定多段线端点或线段中点的夹点时，出现的选项中第二项均为"添加顶点"。选择端点的"添加顶点"选项时，可在连接该顶点的其中一根线段上添加一个新的顶点（由绘制该多段线的方向决定）；选择中点的"添加顶点"选项，可在被锁定中点的线段上任意添加一个新的端点，从而改变多段线轮廓。

b. 删除顶点：当光标锁定多段线上任意的端点夹点时，可选择"删除顶点"选项将该端点从多段线轮廓上删除；删除端点后，剩余的端点间将直接连线完成新的轮廓。

④ 转化为直线、转化为圆弧。通过锁定多段线上任意线段的中点夹点，选择"转化为直线（圆弧）"选项，可将锁定的中点所在的直线或圆弧相互转化。

四、圆弧（ARC）

"圆弧"工具可绘制正圆弧线段，通过指定圆心、端点、起点、半径、角度、弦长和方向值等各种组合形式来绘制圆弧。"圆弧"工具在 CAD 制图中使用的频率较高。

（一）"圆弧"工具的激活

通常激活"圆弧"工具可以通过下两种方式：

① 通过键盘在命令行中键入"A"或"ARC"，按下【Enter】键确认激活"圆弧"工具。

② 通过"功能区"→"默认"选项卡→"绘图"功能面板→"圆弧"按钮 激活"圆弧"工具。

（二）圆弧的绘制

AutoCAD 的"圆弧"工具提供了多种绘制圆弧的组合形式，通过快捷键激活的"圆弧"工具，默认采用的是"三点"模式来绘制圆弧；而通过按钮激活"圆弧"工具时，可展开选项列表，选择使用组合形式来绘制圆弧。

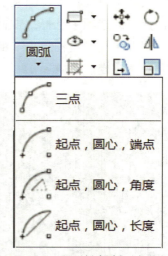

图 5-40　圆弧创建列表（部分）

如图 5-40 所示，通过点击功能区绘图功能面板中的"圆弧"按钮，可展开组合选项列表。该列表中提供了多种绘制圆弧的方式，可通过不同圆弧参数的组合来确定圆弧的尺度。以下介绍前三种组合选项：

① 三点：选项列表中提供的第一种方式是"三点"，是指通过圆弧线段上的三个指定点绘制圆弧的方式。如图 5-41 所示，首先光标确定起点"1"，然后确定第二点"2"，最后确定结束点"3"，完成整根正圆弧线段的创建。这种创建方式虽然快速，但缺少精确性。

需要精确绘制圆弧时，可选择选项列表中其他组合形式绘制圆弧。这些组合形式通过数值的键入确定准确的圆弧尺度。

② 起点，圆心，端点：激活"圆弧"工具，在选项列表中选择第二项"起点，圆心，端点"。如图 5-42 所示，光标确定圆弧起点"1"，然后通过极轴锁定水平方向，同时键入起点至圆心的半径数值"1500"，按下【Enter】键确定圆心；确定了圆心"2"的位置后，只需在圆弧上确定最后一个端点就可完成该圆弧线段的绘制（图 5-43）。绘制完成的圆弧如图 5-44 所示。

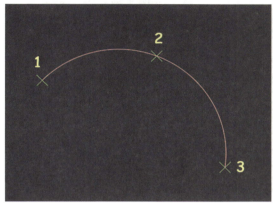

图 5-41　"三点"绘制正圆弧

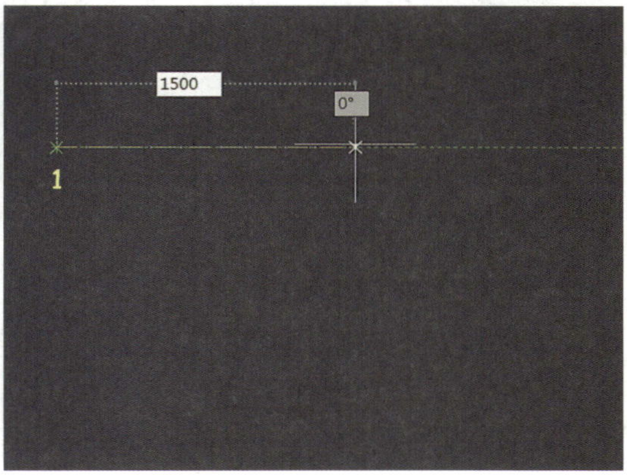

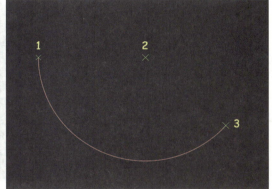

图 5-42　确定圆弧起点

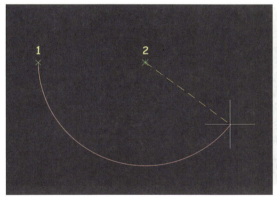

图 5-43　确定圆心与端点

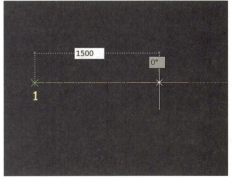

图 5-44　"起点，圆心，端点"绘制正圆弧

③ 起点，圆心，角度：在选项列表中选择"起点，圆心，角度"的方式激活"圆弧"工具。如图 5-45 所示，首先确定圆弧起点"1"，借助极轴锁定水平方向后，键入起点至圆心的半径数值"1500"，按下【Enter】键确定圆心；然后键入角度数值"195°"，按下【Enter】键确定该圆弧的弧长（图 5-46）；最后得到如图 5-47 所示结果，圆弧所在圆半径 1500 mm，圆弧夹角度为 195°。

图 5-45　确定圆弧起点

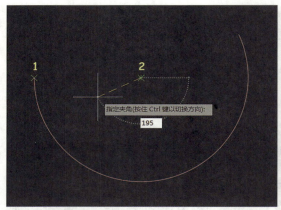

图 5-46　确定圆心与角度

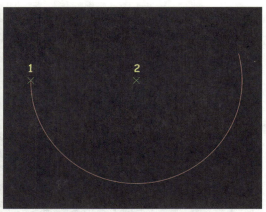

图 5-47　"起点，圆心，角度"绘制正圆弧

　　★**注意**：当使用选项列表中的选项创建圆弧时，在确定各点和参数的过程中，若光标旁出现提示："按住【Ctrl】键切换方向"，则表示在确定下一个点或数值之前，可通过按住【Ctrl】键来切换圆弧的绘制方向。默认是以逆时针的方向来绘制圆弧，按住【Ctrl】键后，可采用顺时针方向完成圆弧的绘制。

　　（三）圆弧的编辑

　　圆弧与直线一样，没有配套对应的修改工具，可以通过选中目标圆弧线段后，锁定并移动其蓝色的控制夹点来进行快速编辑修改。如图 5-48 所示，通过鼠标左键快速双击圆弧线段，可激活通用的"属性修改器"，通过修改器能显示出该圆弧线段的一些可修改参数。

图 5-48　正圆弧的编辑修改

例如，可以通过点击并键入新的参数来修改其半径，从而修改圆弧的轮廓。完成修改后按下【Esc】键即可关闭修改器。

第二节　基本几何图形的创建

　　AutoCAD 中还提供了创建基本几何图形的工具，这些创建工具可绘制出连贯的图形。常用的基本几何图形创建工具包括圆、椭圆、矩形和多边形。创建出的基本几何图形多为完整封闭的多段线轮廓。

一、圆（CIRCLE）

"圆"工具用于绘制正圆，常用的绘制方式是通过确定圆心后，键入半径或直径的数值来确定正圆的大小。如图 5-49 所示，圆工具与圆弧工具一样，提供了多种创建圆的组合方式。通过点击功能区绘图功能面板中的"圆"工具按钮，可展开组合方式列表。这些方式也可以在激活圆工具后，通过命令行中的选项来使用。

图 5-49 圆创建列表

（一）"圆"工具的激活

激活"圆"工具的方法有以下两种：

① 键盘键入"C"或"CIRCLE"，按下【Enter】键确认激活"圆"工具。

② 通过"功能区"→"默认"选项卡→"绘图"功能面板→"圆"按钮 激活"圆"工具。

（二）圆的绘制

如图 5-50 所示，激活"圆"工具后，命令行会提示指定圆的圆心，同时还提供"[三点（3P）/两点（2P）/切点、切点、半径（T）]"等绘制选项。

① 圆心，半径/圆心，

图 5-50 命令行提供多种圆绘制选项

直径：不做任何选择，在绘图区确定圆心后，可采用半径或直径的方式来确定圆形的大小。如图 5-51 所示，默认是以半径的方式来确定圆形大小。若绘制直径为 1000 mm 的圆形，则键入半径数值"500"，按下【Enter】键确认。图 5-52 为确定得到的半径为 500 mm 圆形。

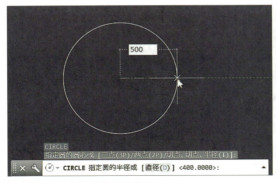

图 5-51 以半径确定正圆大小

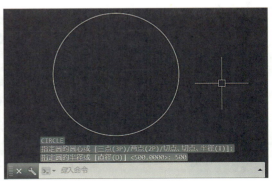

图 5-52 半径为 500 mm 的圆形

如图 5-53 所示，在确定圆心后，也可选择命令行中的选项"直径（D）"或直接键入"D"，按下【Enter】键确认，改为通过直径来确定圆形的大小。如图 5-54 所示，若绘制直径为 1000 mm 的圆形，则直接键入"1000"，按下【Enter】键确认。

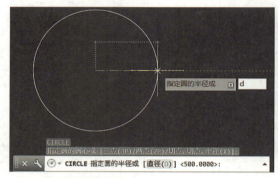

图 5-53 以直径确定正圆大小

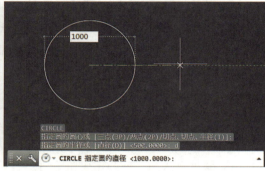

图 5-54 输入直径数值

② 三点（3P）/两点（2P）：如图 5-55 所示，激活"圆"工具后，选择命令行中的"三点（3P）"选项，然后通过捕捉定位三点的方式来确定圆的大小。如图 5-56 所示，通过依次捕捉绘图区中任意的三个点，可确定出通过这三个点的唯一正圆形。

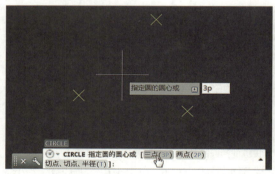

图 5-55 激活"三点 (3P)"选项

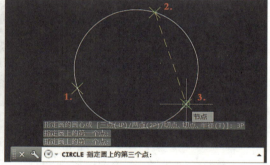

图 5-56 通过三点确定唯一的正圆形（图中显示为节点）

如图 5-57 所示，激活"圆"工具后，选择命令行中的"两点（2P）"选项；可通过捕捉定位两点的方式来确定圆的大小，如图 5-58 所示，通过分别捕捉绘图区中的两点，可确定出通过这两个点的圆形。

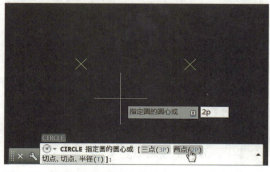

图 5-57 激活"两点 (2P)"选项

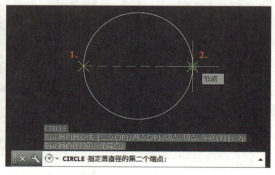

图 5-58 通过两点确定圆的直径

三点和两点的方式，较为适合有明确定位目标的情况。可在已有图形的基础上，通过捕捉需要的定位点来最终确定所绘圆形的大小。

③ 切点、切点、半径（T）：如图 5-59 所示，激活"圆"工具后，选择"切点、切点、半径（T）"选项；切换为通过捕捉两个切点外加键入圆半径的方式来绘制圆形。这种方式可在任意的两个正圆或圆弧之间，绘制与之分别相切的正圆，并且该正圆形的半径在允许范围内可自行键入数值确定。

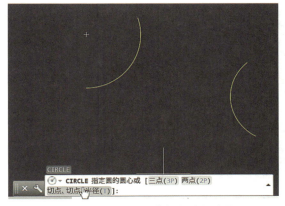

图 5-59　激活"切点、切点、半径（T）"选项

如图 5-60 所示，激活"切点、切点、半径（T）"选项后，首先根据命令行提示，分别在两段圆弧线上任意位置捕捉切点，当出现绿色切点标记时单击鼠标左键即可；然后根据命令行的提示，键入圆形半径数值"420"，按下【Enter】键确认（图 5-61）；最后可在绘图区得到分别与两个圆弧相切且半径为 420 mm 的正圆形（图 5-62）。

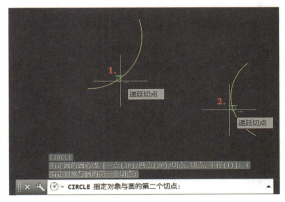

图 5-60　分别捕捉两个切点

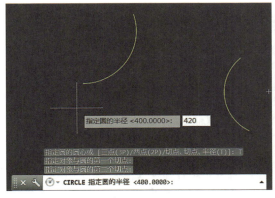

图 5-61　输入半径值确定正圆

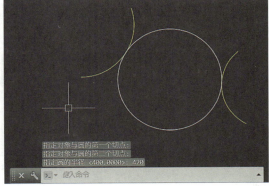

图 5-62　半径为 420 mm 圆与两个圆弧相切

★注意：捕捉到两个正圆或圆弧的切点后，在确定圆形半径时是存在有效范围的。键入半径数值后所确定的正圆，要能够与所捕捉的正圆或圆弧同时相切，否则命令行会提示所键入半径的圆不存在（图 5-63）。

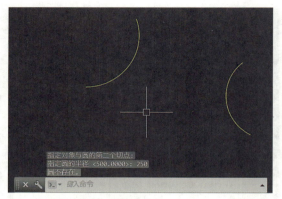

也可通过捕捉直线与圆形的切点来定义目标圆形。如图 5-64 所示,绘制一个分别与夹角直线相切的圆形。激活"圆"工具,选择"切点、切点、半径(T)"选项";根据命令行提示,在夹角的其中一根直线上,任意捕捉切点并确定;然后在夹角的另一根直线上,任意捕捉第二个切点并确定(图 5-65)。

图 5-63 正圆半径需符合有效范围

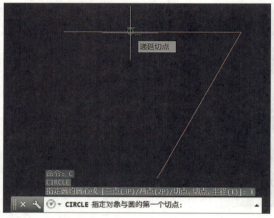

图 5-64 任意捕捉直线上的切点

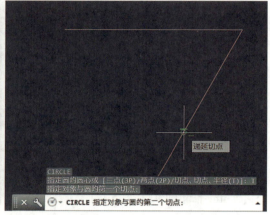

图 5-65 捕捉另一直线上任意切点

最后根据提示键入有效的圆半径"400",按下【Enter】键确认,完成正圆的绘制(图 5-66),得到的圆形半径为 400 mm,并同时与夹角两直线相切,如图 5-67 所示。

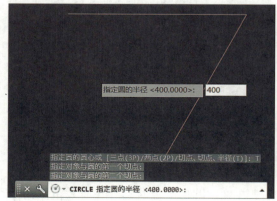

图 5-66 键入半径数值确定相切正圆

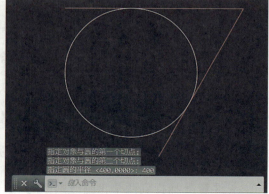

图 5-67 与夹角两直线相切正圆

④ 相切，相切，相切：如果需要在任意三条线段之间定位相切的圆形，可使用"相切，相切，相切"的方式来绘制圆形。在功能区中的"绘图"功能面板，点击"圆"工具按钮，展开组合方式列表后选择"相切，相切，相切"选项。

如图 5-68 所示，打开"圆 - 相切"文件，这是预先绘制的一组线段。激活"相切，相切，相切"选项工具后，移动光标在上方直线任意位置捕捉切点并确定；然后如图 5-69 和图 5-70 所示，分别在圆弧与另一根直线上捕捉任意切点；依次确定好三个切点之后，将会自动生成一个与捕捉线段分别相切的正圆形（图 5-71）。

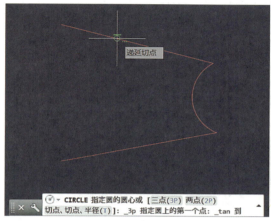

图 5-68　捕捉直线任意切点

图 5-69　捕捉曲线上任意切点

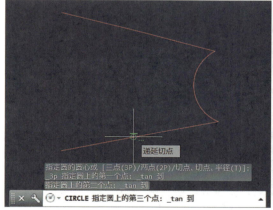

图 5-70　捕捉第三段直线的任意切点

图 5-71　确定相切正圆

二、椭圆（ELLIPSE）

"椭圆"工具用于绘制椭圆形和椭圆弧，可通过"轴，端点"和"圆心"两种方式创建椭圆形。椭圆弧可以在绘制的椭圆形基础上，通过确定起点和终点来决定椭圆弧的长度。

（一）"椭圆"工具的激活

激活"椭圆"工具的方法有以下两种：

① 键盘键入"EL"或"ELLIPSE"，按下【Enter】键确认激活"椭圆"工具。

② 通过"功能区"→"默认"选项卡 →"绘图"功能面板→"椭圆形"按钮 激活"椭圆"工具。

（二）椭圆的绘制

绘制椭圆形常用的激活方式是通过键入"EL"，按下【Enter】键确认。如图 5-72 所示，激活"椭圆"工具后，在命令行会提示："指定椭圆的轴端点"，同时还提供"[圆弧（A）/ 中心点（C）]"等设置选项。

图 5-72　激活椭圆工具

① 轴，端点：激活"椭圆"工具后，默认的绘制方式是通过"轴，端点"的确定来绘制椭圆形。如图 5-73 所示，在绘图区任意确定椭圆形第一条轴的起点"1"，然后配合极轴捕捉，锁定水平方向轨迹，键入数值"1500"，按下【Enter】键确定第一条轴线的长度，这时会显示出椭圆形未完成的轮廓线；最后锁定垂直方向，键入第二条轴的半轴长度数值"350"，按下【Enter】键确认（图 5-74），完成的椭圆形如图 5-75 所示。

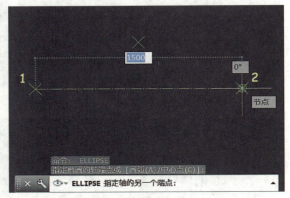

图 5-73　键入椭圆第一轴的长度值

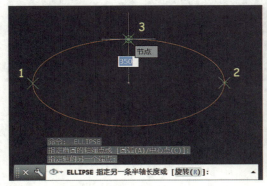

图 5-74　键入椭圆第二轴的长度值

图 5-75　"轴，端点"方式绘制的椭圆

★注意：通过"轴，端点"的方式绘制椭圆形时，其轴的水平和垂直是相对的，第一条轴的角度方向确定了整个椭圆的方位，可使绘制的椭圆形呈现不同的位置角度；

在确定第二条轴的长度时，要注意键入的数值应该是该轴长度的一半，类似于正圆的半径与直径的关系。

②中心点（C）：激活"椭圆"工具后，选择命令行中的选项"中心点（C）"可切换绘制方式。如图5-76所示，首先在绘图区确定中心点"1"，锁定水平方向轨迹，键入数值"800"，按下【Enter】键，确定中心点至第一条轴端点的长度；然后键入数值"400"，按下【Enter】键，再确定中心点至第二条轴端点的长度（图5-77）；最后得到如图5-78所示椭圆形。

图 5-76　确定椭圆中点及第一条轴的长度

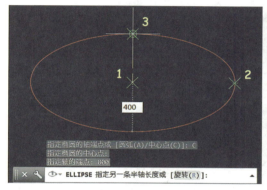

图 5-77　确定第二条轴长度

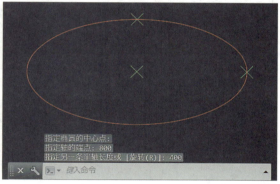

图 5-78　"中心点"方式绘制的椭圆

③圆弧（A）：激活"椭圆"工具后，若选择命令行的选项"圆弧（A）"，则可以绘制任意的椭圆弧。椭圆弧也是椭圆的一部分，所以椭圆弧绘制前首先需绘制椭圆，然后在绘制的椭圆上，通过确定起点角度和端点角度的方式截取出需要的椭圆弧。

如图5-79所示，选择"圆弧（A）"选项后，按照提示可通过"轴，端点"的绘制方式先绘制一个完整的椭圆；椭圆绘制完成后，还需要按照提示指定椭圆弧起点和端点(结束点)的角度。椭圆中心点向左的水平轴线为整个椭圆的起始角度"0°"（图5-80）。

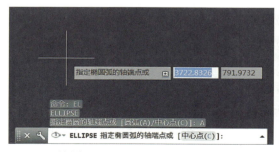

图 5-79　绘制椭圆弧

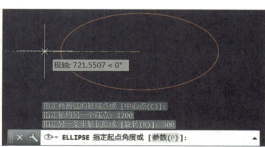

图 5-80　椭圆弧起始角度

从起始角度开始，沿逆时针方向角度逐渐增加。如图 5-81 所示，将光标移至椭圆形右下角区域，捕捉 135° 的极轴角度，并将其确认为椭圆弧的起点角度；然后分别如图 5-82 和图 5-83 所示，将光标继续沿着逆时针方向，分别移动至椭圆形的右上角和左上角区域；随着光标的移动，所能显示的椭圆弧长度也逐渐增加；最后在椭圆形左上角区域捕捉 350° 的极轴角度，作为端点角度。

也可手动键入角度值，决定该椭圆弧的起点和端点角度。图 5-84 中，是通过依次确定起点角度 135°、端点角度 350° 而得到的椭圆弧，截取自之前通过"轴，端点"的方式所绘制的椭圆形。

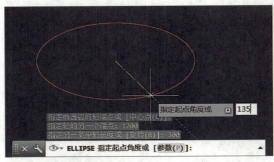

图 5-81　确定椭圆弧的起点角度

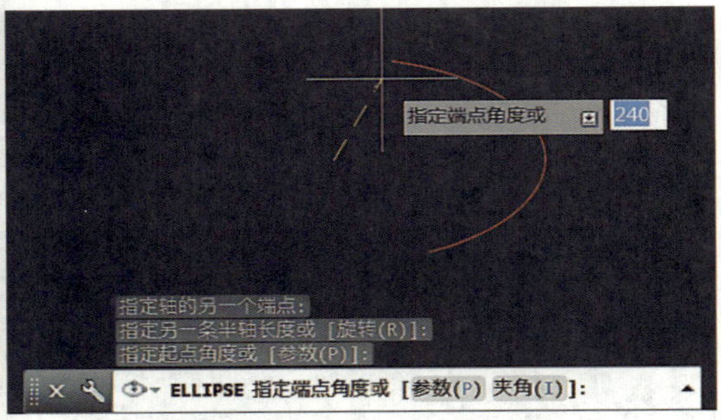

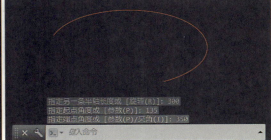

图 5-82　圆弧端点角度 240°

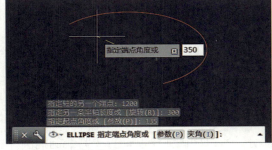

图 5-83　圆弧端点角度 350°

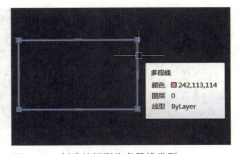

图 5-84　确定椭圆弧的端点（结束点）角度

三、矩形（RECTANG）

"矩形"工具用于绘制基本的长方形及正方形，通过先后确定对角点的方式来确定矩形的长度和宽度。通过命令行提供的选项，还可设置矩形为圆角或倒角的形式；也可像多段线一样设置所绘矩形的线宽显示。如图 5-85 所示，选中已绘制的矩形，并将光标悬停在矩形线段上，在显示出的图形信息中，标明类型为多段线。

图 5-85　创建的矩形为多段线类型

所以多段线的所有编辑修改方式对矩形同样有效。

（一）"矩形"工具的激活

常用的激活"矩形"工具的方法有以下两种：

① 键入"REC"或"RECTANG"，按下【Enter】键确认激活"矩形"工具。

② 通过"功能区"→"默认"选项卡→"绘图"功能面板→"矩形"按钮 激活"矩形"工具。

如图5-86所示，激活"矩形"工具后，在命令行中会提示："指定矩形的第一个点"，同时还提供"[倒角（C）/标高（E）/圆角（F）/厚度（T）/宽度（W）]"等设置选项。

图 5-86　激活"矩形"工具

（二）矩形的绘制

激活"矩形"工具后，就可通过确定对角点的方式绘制任意尺度的矩形了。如图5-87所示，光标确定起点"1"，然后向右下移动光标并确定第二点"2"。通过简单确定两点就可完成一个任意矩形的绘制了。

① 矩形尺度的确定：若绘制精确长宽尺寸的矩形，则必须在确定第一点后，键入所需长、宽的数值来确定矩形的长和宽。在矩形中长度指水平方向的边长，而宽度指垂直方向的边长。长度同时对应坐标系中的"X"水平向坐标，宽度对应坐标系中的"Y"垂直向坐标。

如图5-88所示，激活"矩形"工具后，先确定矩形的起点"1"，然后将光标移向右下任意位置，顺序键入：2000→"，"→1200，按下【Enter】键确认。逗号表示长度和宽度数值的分隔，逗号前键入的数值是矩形的长度，而逗号后键入的数值为矩形的宽度，增加负号表示方向向下。光标旁会即时显示键入的长、宽数值。

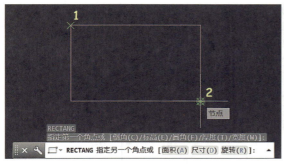

图 5-87　对角两点绘制矩形

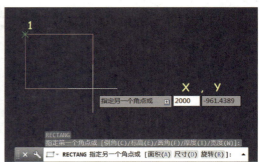

图 5-88　键入矩形的长、宽数值，中间以"，"隔开

完成后的矩形如图 5-89 所示，命令
行的上方显示出该矩形的长、宽数据：
"@2000，-1200"。之所以在第二个宽
度参数前加上"-"号，是因为坐标方向。
矩形绘制确定第一点"1"后，长度和宽
度的方向均以起点"1"为原点。水平方
向向右和垂直方向向上为正向，数值键
入无须增加符号；而水平方向向左和垂
直方向向下则为反向，在键入数值时需

图 5-89　得到长 2000 mm、宽 1200 mm 矩形

要增加"-"号以示区分。所以在键入矩形长和宽的数值时，可根据是否增加"-"号
来确定矩形长、宽的方向，但不影响矩形的尺度，只影响矩形绘制后的位置。

　　② 矩形倒角（C）：在确定矩形起点之前，可预先通过命令行所提供的选项对将
要绘制的矩形进行专门设置。"倒角（C）"选项，可使将要绘制的矩形的四个直角同
时形成切角的效果。切割的面积则由切角三角形的两条直角边长度来决定。

　　如图 5-90 所示，选择命令行的"倒角"选项之后，会进一步提示："指定矩形的
第一个倒角距离 <0.0000>"，这是提示键入切角三角形第一条直角边的尺寸，默认为 0
（mm）。按照提示键入"100"→【Enter】键确认；确定后出现第二条提示："指定
矩形的第二个倒角距离 <100.0000>"，这里提示键入切角三角形的第二条直角边的尺寸，
默认边长与键入的第一条直角边长相同，所以显示为 100。按照提示键入"200"，按
下【Enter】键确定，完成倒角的设置（图 5-91）。

图 5-90　设置第一个倒角距离

图 5-91　设置第二个倒角距离

　　如图 5-92 所示，倒角设置完毕后，
回到绘图区绘制一个长 1800（mm）、
宽 1300（mm）的矩形。此时绘制出的
矩形的四个角均显示为切角的状态。其
切角的直角边长即为之前键入的尺度，
分别为 100（mm）和 200（mm）。如想
恢复直角的矩形，则重复倒角设置步骤，

图 5-92　绘制倒角的矩形

同时将切角边长都恢复为"0"即可，否则该倒角设置将会一直对后面其他矩形的绘制起效。

★**注意**：在进行矩形切角的编辑时，将要绘制的矩形，其边长不能小于同一边上两个切角边长的总和。例如，切角两条直角边均设置为 600（mm），同时矩形长宽均设置为 1100（mm），因为同一条矩形边上有两个切角边长，所以 600+600 > 1100，这样会导致所绘制的矩形无法正常显示切角效果。

③ 矩形圆角（F）：在确定矩形起点之前，还可通过命令行中的选项"圆角（F）"对将要绘制的矩形进行设置，使绘制出的矩形四个角形成倒圆角的效果，圆角大小由该圆弧所在正圆的半径决定。

如图 5-93 所示，先点击命令行中"圆角（F）"选项或键入快捷键"F"，激活圆角半径设置；根据提示，默认的圆角半径为 0，单位为毫米。键入新的数值可修改圆角的半径，键入 200，按下【Enter】键确认（图 5-94）。

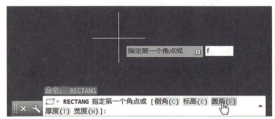

图 5-93　设置圆角半径

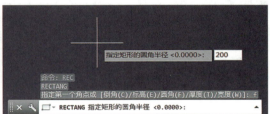

图 5-94　输入圆角半径数值

如图 5-95 所示，完成圆角半径设置后，在绘图区确定第一点，键入矩形长、宽的数值分别为 1200，-800，绘制出矩形，这时所绘制出的矩形四角为圆角的效果。激活"圆形"工具，将光标移至矩形圆角附近，可显示出圆弧所在圆的圆心标记（图 5-96）；捕捉其中一个圆心绘制圆，圆心至矩形边的垂直长度为半径，所绘制的圆

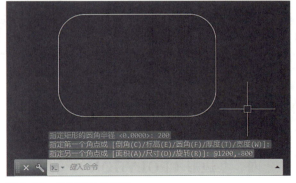

图 5-95　绘制圆角的矩形

与矩形的圆角弧线轮廓重合，同时显示半径数值为 200，与矩形的圆角半径数值一致（图 5-97）。

④ 矩形宽度（W）：在确定矩形第一点前，可通过"宽度（W）"选项设置矩形的线段显示宽度。如图 5-98 所示，激活"矩形"工具后，选择命令行中的"宽度（W）"选项；然着根据命令行提示键入新的线宽数值"5"，按下【Enter】键确认（图 5-99）；最后使用设置的参数绘制出新的矩形，就能看到线宽设置的效果。

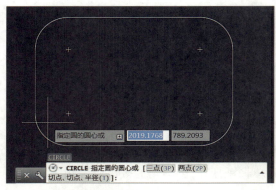

图 5-96 矩形圆角圆心标记

图 5-97 圆角大小由该圆弧所在正圆的半径决定

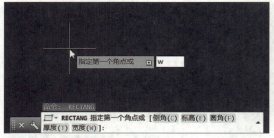

图 5-98 激活宽度选项

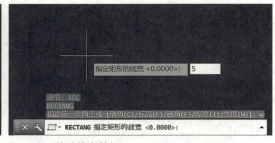

图 5-99 修改线宽数值

图 5-100 中的两个矩形的长、宽数值相同，其中左侧矩形线宽数值为默认的"0"，右侧矩形线宽数值为"5"，通过比较可明显看出线宽的差别。新设置的线宽数值在下一次修改前将一直起效。若想恢复默认的矩形线宽，则按照相同的设置将线宽数值修改为"0"即可。

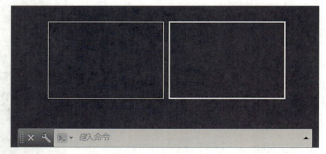

图 5-100 矩形线宽对比

四、多边形（POLYGON）

通过"多边形"工具可以绘制出包括三角形、正方形在内的任意边数的正多边形，边数值可在 3~1024 之间任意确定，还可以通过"内接"或"外切"两种方式来确定正多边形的尺度。

（一）"多边形"工具的激活

激活"多边形"工具的方法有以下两种：

① 键盘键入"POL"或"POLYGON"，按下【Enter】键确认激活"多边形"工具。

② 通过"功能区"→"默认"选项卡 → "绘图"功能面板 → "多边形"按钮 激活（需点击"矩形"工具图标旁的按钮"▼"展开才可见）。

（二）多边形的绘制

激活"多边形"工具后，如 图 5-101 所示，在命令行中及光 标右下角均会提示键入多边形的 边数，默认边数为"4"，若多边 形边数键入新的边数为"6"，则 按下【Enter】确认。

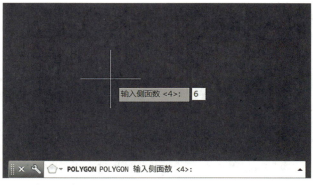

图 5-101　确定多边形边数

确定边数后如图 5-102 所示， 命令行中出现提示："指定正多 边形的中心点或[边（E）]"。"中 心点"和"边"是确定多边形尺度的两种方式。"中心点"分为"内接于圆"和"外切 于圆"两种模式，分别通过正多边形的中点至任意顶点的间距，或中点至任意边的垂直 距离，来确定多边形大小；"边"则直接通多正多边形的边长来确定其大小。

① 内接于圆（I）、外切于圆（C）：如图 5-102 所示，根据提示在绘图区中任意 确定正多边形中点；然后按照提示分别选择"内接于圆"或"外切于圆"的模式，继续 绘制正多边形（图 5-103）；如图 5-104 和图 5-105 所示，选择两种模式均会提示："指 定圆的半径"；分别键入相同的半径数值"500"，按下【Enter】确认。

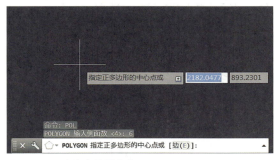

图 5-102　确定多边形中点

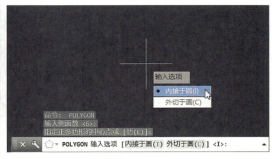

图 5-103　选择一种模式

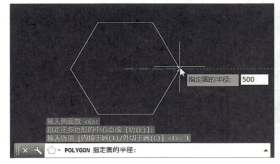

图 5-104　内接于圆

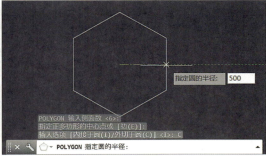

图 5-105　外切于圆

打开"内接、外切"文件，如图 5-106 所示，图中所示分别通过内接和外切的模式绘制的正六边形。两者键入的圆半径数值相同，但从两个结果来看正六边形的大小明显不等。这是因为内接模式下的圆半径，对应的是圆心至多边形任意顶点的距离；而外切模式下的圆半径，则对应的是圆心至任意边线的垂点距离，所以两种模式虽然键入的圆半径数值相同，但外切模式下所绘制的正多边形会大于采用内接模式所绘制的正多边形。

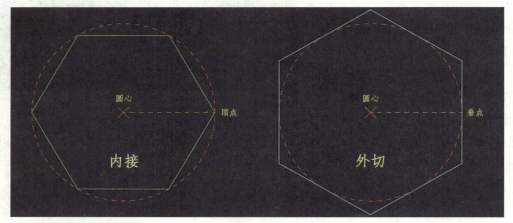

图 5-106　虚线红色圆形半径相同，均为 500 m

②边（E）：如图 5-107所示，激活"多边形"工具后，在确定多边形中点前键入"e"，按下【Enter】或点击命令行"[边（E）]"选项，即可切换创建方式，以边长来确定正多边形的大小。

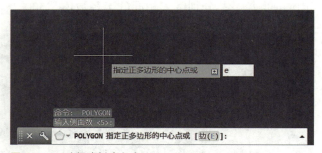

图 5-107　选择边创建方式

切换创建方式后，通过两点确定正多边形边长。首先在绘图区点击确定多边形边的起点"1"；然后锁定边线水平方向，键入边长数值"500"，按下【Enter】键确定端点"2"。边长确定后，即可完成正多边形的绘制（图 5-108）。

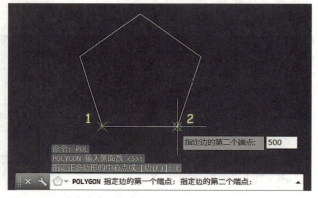

图 5-108　边长确定正多边形

第三节　特殊对象的创建

一、点、多点（POINT）

通过"点"和"多点"工具可以绘制出没有长宽度量的点。"多点"工具可连续绘制多个点，而"点"工具一次只能绘制一个单点。点在绘图中一般做定位或作为参考，其对象捕捉类型对应的是"节点"。

（一）点和多点的激活

激活点、多点工具的方法如下：

① 键盘键入"PO"或"POINT"，按下【Enter】键确认（激活单点）。

② 通过"功能区"→"默认"选项卡→"绘图"功能面板标题→"多点"按钮，激活多点工具。

（二）点的绘制

单点或多点工具，激活后的操作基本相同。如图 5–109 所示，根据命令行提示，任意在绘图区单击确定绘制点即可。单点工具一次只能绘制一个点即自动结束，如需连续绘制可结合【Space】键重复激活并绘制点；多点工具可连续绘制点直至主动选择结束绘制。

图 5–109　激活"点"工具

（三）点的设置

通过"点"工具所绘制的点，在绘图区中有时较难分辨。通过"点样式"的设置，能改变点的显示方式，使点更容易被辨识。键入"PT"或"PTYPE"，按下【Enter】键确认，打开点样式的设置面板（图 5–110）。

点样式设置面板包括"点样式的选择"及"显示大小的设置"两个部分。其中，共有 20 种样式可以选择，选中的样式显示背景变为黑色。选择第一行第 4 个样式后点击"确定"按钮关闭设置窗口；回到绘图区中，点的显示立刻会

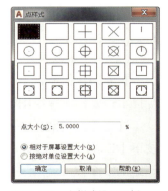

图 5–110　点样式设置面板

变为所选中的点样式（图 5-111）。

点样式设置面板中的"点大小（S）"可以设置点在绘图区显示的百分比，且数值越大则显示比例越大。设置面板中还提供了"相对于屏幕设置大小"和"按绝对单位设置大小"两种模式选择。"相对于屏幕设置大小（R）"模式可始终保持点样式的显示与屏幕比例保持一致。如图 5-112 所示，将同一组点通过滚轮缩小显示后，通过键入"RE"，按下【Enter】键确定，就可以刷新并使点样式恢复设置的显示比例。如选择"按绝对单位设置大小（A）"模式，则点样式按固定比例显示，缩放后无法通过键入"RE"来刷新恢复与屏幕的相对比例。

图 5-111　修改点样式

图 5-112　相对于屏幕设置大小（R）

二、定数等分（DIVIDE）

"定数等分"工具可对选定的对象进行任意数量的等分，并且将等分位置使用点标注出来。可以等分的对象包括直线、曲线、多段线和几何图形等。

（一）"定数等分"工具的激活

激活"定数等分"工具的常用方法有以下几种：

① 键盘键入"DIV"或"DIVIDE"，按下【Enter】键确认。

② 通过"功能区"→"默认"选项卡→"绘图"功能面板标题→"定数等分"按钮激活。

（二）"定数等分"工具的使用

在绘图区绘制任意长度的直线段，激活定数等分工具（图 5-113）；然后按照命令行提示，光标选择绘图区中绘制的直线段（图 5-114）。

选定等分的对象为直线后，按照提示键入需要等分的线段数，例如，输入"4"，按下【Enter】键确认（图 5-115），结果如图 5-116 所示，可看到在直线段上新增了等距的 3 个点（需预先设置点的显示样式），共同将直线段划分为 4 等分。图 5-117所示分别为选择正圆弧、矩形等为对象，进行定数等分的结果。

图 5-113　激活"定数等分"工具

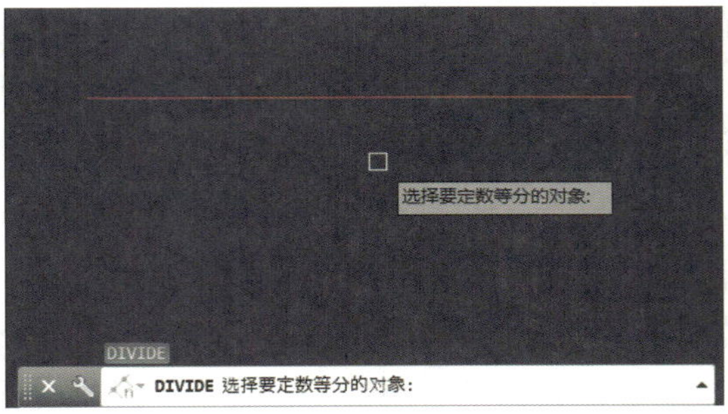

图 5-114　选择等分对象

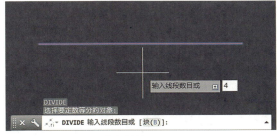

图 5-115　键入等分线段数值

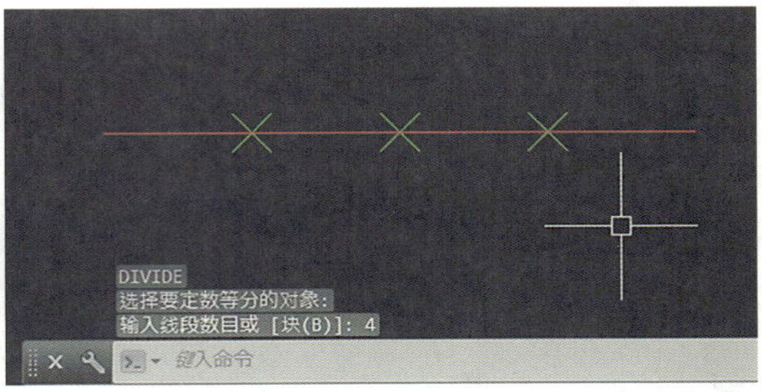

图 5-116　完成线段等分

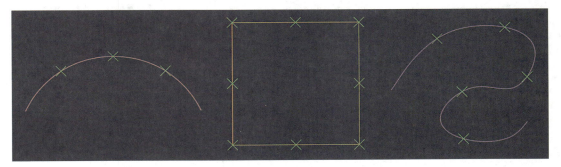

图 5-117　定数等分圆弧、矩形等对象

★**注意**：定数等分工具并不会将等分后的对象分解为等长的线段，仅在等分的位置上插入相应数量的点，无论是否将这些插入点选中并删除，被等分的对象其完整性并没有什么变化。

三、定距等分（MEASURE）

"定距等分"工具可按照预先设置的固定距离来等分对象，并且将等分的位置精确用点标注出来。其适用对象与定数等分工具一致。

（一）定距等分的激活

激活"定距等分"工具的常用方法有以下两种：

① 键盘键入"ME"或"MEASURE"，按下【Enter】键确认激活"定距等分"工具。

② 通过 "功能区" → "默认" 选项卡 → "绘图" 功能面板标题 → "定距等分" 按钮 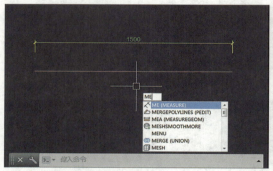 激活;

（二）定距等分的使用

如图 5-118 所示,绘制长度为 1500 mm 的直线段,键入 "ME",按下【Enter】键激活 "定距等分" 工具,然后根据命令行提示选择需要定距等分的直线段(图 5-119)。

选择目标线段后,如图 5-120 所示,键入固定距离的数值 "200",按下【Enter】确定;确定固定距离后,1500 mm 长的直线被分为 8 段,前 7 段均为固定长度 200 mm,最后一段为定距等分后余下的长度 100 mm(图 5-121)。

★ 注意: 在使用定距等分时,如键入的固定距离超过目标对象的长度,将出现提示: "对象不是该长度",表明无法按照设置的固定距离进行定距等分。

图 5-118　激活定距等分工具

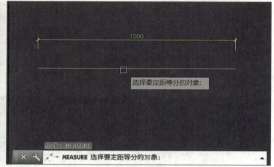

图 5-119　选择等分对象

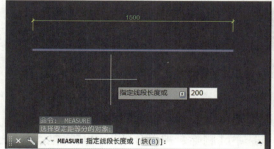

图 5-120　键入固定距离

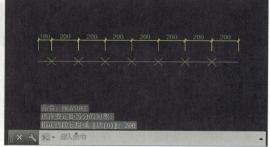

图 5-121　完成定距等分

四、块（BLOCK）

"块" 工具也叫块定义,本身操作并不能产生新的图形对象,但能对已经绘制的线段或图形进行编辑修改,可将被选择的对象固定形成单一的块对象。块的创建和使用可极大简化选择、移动等编辑的过程,极大提高制图的效率。

打开"定义块"文件，如图 5-122 所示，这是餐桌椅的平面图，图中构成餐桌椅图形的均是分散的线段。如果要选择这个平面图形进行整体移动等操作时，就必须保证所有构成图形的线段都被同时选中。而在实际制图操作中，尺寸较小的线段很容易漏选，如果周围还有其他图形干扰，出现漏选错选的概率将更大。

而在图 5-123 中，选中所有构成餐桌椅的线段后，对其使用块定义工具，可将分散的线段转化为单一的块对象。这样在选择时只需任意点选图块中的任何一个线段，整个图形都能被自动选中，且不会漏选。

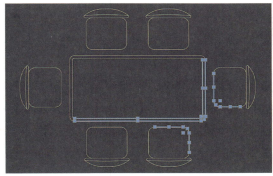

图 5-122 分散的图形

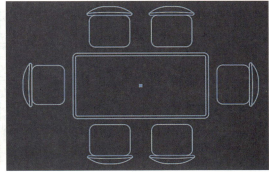

图 5-123 块

（一）块定义的激活

激活"块定义"工具的方法如下两种：

① 键盘键入"B"或"BLOCK"，按下【Enter】键确认。

② 通过"功能区"→"默认"选项卡→"块"功能面板→"创建"按钮激活。

（二）块的创建设置

激活"块定义"工具后会显示如图 5-124 所示"块定义"设置面板，其中需要设置的部分包括名称（N）、基点和对象三个设置区域。

图 5-124 块定义设置面板

① 名称（N）：每个块在创建时都可以进行命名。在"名称（N）"下方的输入行中键入块名称即可，例如，键入"餐桌椅"。创建后的块对象都会被自动保存在 CAD 文件内部，即使绘图区中的块已全部删除，也能够通过插入块的操作重复导入绘图区。在插入块时，可通过块的名称从列表中快速准确查找要插入的块。

② 对象：块定义的设置中最重要的，是选择需要转换为块的图形对象，可在激活块工具之前就预先选择好目标对象。如激活"块"工具之前未选择对象，在面板"对象"设置区下方会提示："未选定对象"（图5-125）。

图 5-125　未选定对象

点击"选择对象（T）"按钮［＋］，块定义面板会暂时消失，可回到绘图区选择需要转换的目标对象（图 5-126）；选择无误后单击鼠标右键或按下【Enter】键确定，返回块定义面板。这时在名称输入行右侧会出现已选择对象的预览小图标，并且在"对象"设置区下方显示已选择对象的数量，如图 5-127 所示。

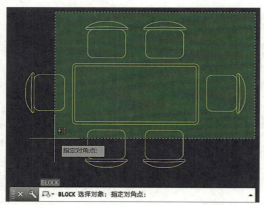

图 5-126　选择目标对象

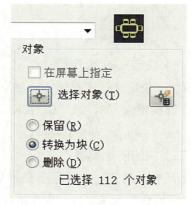

图 5-127　已选定对象

在选择完目标对象后，"对象"设置区下方还提供三种选项，分别是："保留（R）""转化为块（C）"和"删除（D）"。默认选项为"转化为块"，绘图区中被选中的图形或线段，将统一转化为块保留在绘图区；若选择"保留（R）"，则选择的目标对象不做任何改变，仍然各自分散保留在绘图区；若选择"删除（D）"选项，则被选择的所有目标对象在创建块后会统一从绘图区删除。

★注意：选择"保留（R）"和"删除（D）"选项创建的块，会保存在文件内部，可在插入块时从列表中选择并添加进绘图区中。

③ 基点：块定义设置中还需要确定块的基点位置，基点的主要作用在于插入块时，作为摆放块对象的定位点。

如图 5-128 所示，点击"基点"设置区下的"拾取点（K）"按钮；回到绘图区通过捕捉锁定图块中心交点，再点击鼠标左键确定该交点作为基点（图 5-129）；然后重新回到块定义设置面板，如图 5-130 所示，拾取基点后，"基点"设置区下的 X，Y 坐标数值不再为 0。

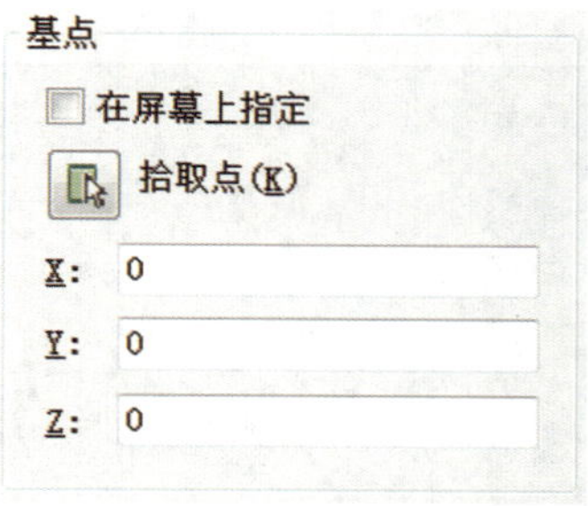

一般常选择块内部的端点、中点等作为基点，至少需要选择紧邻图块周边的位置确定基点，这样插入图块时才不至于偏离得太远。如不做基点选择而直接完成块创建，则默认以绘图区原点坐标为基点。当名称、对象和基点内容都选择设置完成后，点击"确定"按钮即可完成餐桌椅图块的创建。

图 5-128　未拾取基点坐标为空

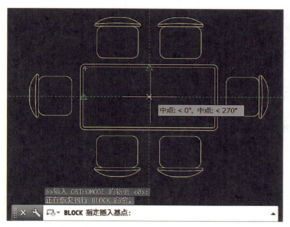

图 5-129　拾取基点

图 5-130　已拾取基点

（三）块的复制导入

除了可以在绘图区中选择已绘制的图形创建块，也可以通过跨文件的方式复制导入需要的块。图 5-131a 为之前已创建好的餐桌椅图块，图 5-131b 是新打开的"植物"图块文件。点击相应名称的"文件选项卡"可自由切换显示，或通过【Ctrl】+【Tab】组合键依次切换文件的显示。新打开的植物图块文件中，包括三个已创建的植物图块。将该文件中的植物块，跨文件导入餐桌椅所在的文件中。

如图 5-132 所示，选择中间的植物块并按下【Ctrl】+【C】组合键进行图块的复制；接下来切换显示餐桌椅图块所在文件；切换文件后，使用【Ctrl】+【V】组合键粘贴复制的植物图块；根据提示移动光标，并单击鼠标左键确定图块插入的摆放位置（图 5-133）。

★注意：跨文件导入块是制图中常用的操作。导入已编辑保存的各类图块，能节省绘图时间，尽可能地减少绘图工作量并提高绘图质量。平时尽可能多地收集常用的平、立面图块，以供绘图时选择调用。

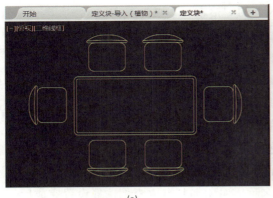 

（a）　　　　　　　　　　　　　　　　　　（b）

图 5-131 切换文件选项卡

图 5-132　复制图块　　　　　　　图 5-133　粘贴图块

（四）块插入

"块插入"指的是文件内保存块的重复调用。每一个文件内新创建的块或跨文件复制导入的块，都会自动备份在该文件的内部。完全删除绘图区的图块后，仍然可以通过"块插入"工具，将需要的图块调出并重新放置到绘图区需要的位置。

激活"块插入"工具的常用方法有以下两种：

① 键入"I"或"INSERT"，按下【Enter】键确认。

② 通过"功能区"→"默认"选项卡→"块"功能面板→"插入"按钮 激活。

如图 5-134 所示，选中餐桌椅块和之前导入的植物块，按下【Delete】键删除选中的图块，文件绘图区内就不再有这两个图块；然后键入"I"，按下【Enter】键确定，激活"插入"设

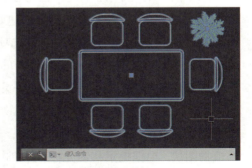

图 5-134　删除绘图区图块

置面板；图 5-135 中显示的是插入设置面板，需设置和选择的内容包括"名称（N）""插入点""比例"和"旋转"等。

图 5-135　块插入设置面板

① 名称（N）：通过点击名称右侧的下拉菜单栏，可展开块的名称列表。目前列表中只有"餐桌椅"和"植物"这两个块的名称，选中相应的块名并观察面板右侧的预览图。

② 浏览（B）：点击可浏览文件外部存放在电脑中的其他 dwg 或 dxf 格式的文件。浏览找到文件点击后，其名称会添加进块名称列表中显示。

③ 插入点：一般默认已勾选"在屏幕上指定（S）"选项，可手动在绘图区确定插入块的位置，如取消勾选，则通过下方坐标键入的数值直接定位插入的块。

④ 比例：一般情况下默认不勾选"在屏幕上指定（E）"选项，这样插入的块将维持原比例；如勾选，在插入块时需在绘图区进行比例缩放；在"比例"下方相应的坐标栏中，键入倍数值可改变插入块的比例。"1.000"为原始大小，放大键入大于 1 的倍数，反之键入小于 1 的倍数。

⑤ 旋转：默认不勾选"在屏幕上指定（C）"选项，插入块时维持原有方位不变；如勾选，在插入块时可在绘图区调整插入块的方位角度；在"角度（A）"后键入角度数值，将直接改变插入后块的摆放角度。

⑥ 分解（D）：位于设置面板左下角，如勾选，将使插入后的块分解为创建块之前的分散状态，但不影响保存在文件内的同名块。

在选定块名并完成设置后，点击插入设置面板右下方的"确定"按钮，回到绘图区选择块的插入位置。如图 5-136 所示，光标对齐在餐桌椅块基

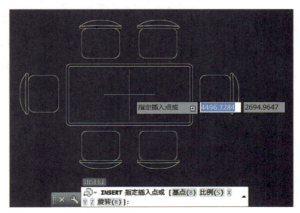

图 5-136　指定插入块位置

点的位置，图块整体跟随光标移动。当捕捉或移动到确切的位置点时，单击鼠标左键确定即可完成块的插入。

当然也可在确定块位置前，选择命令行中提供的：基点（B）、比例（S）、旋转（R）等选项分别重设块的基点位置、缩放比例及摆放角度。可键入选项后括号中的代码，按下【Enter】键确定，或直接点选命令行中相应选项激活设置。

① 基点（B）：激活选项可在任意位置捕捉确定新基点，鼠标左键确定后返回插入块操作。将以新的基点对齐光标作为定位的参照点（图 5–137）。

② 比例（S）：图 5–138 中，选择比例选项后，键入新的比例值可缩放图块，例如键入"0.5"，按下【Enter】键确定；返回插入块操作，将调整过比例的块点击确定在绘图区。图 5–139 中，有两个不同比例的餐桌椅块，插入来源均相同。左侧的块未修改比例，右侧块比例值修改为 0.5，所以右侧块整体比例缩减为原来的一半。块比例的修改不会影响下一次相同块插入时的比例。

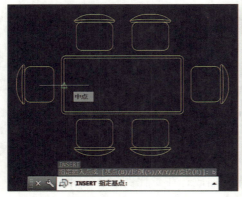

图 5–137 选择新基点　　　　图 5–138 重设插入块比例

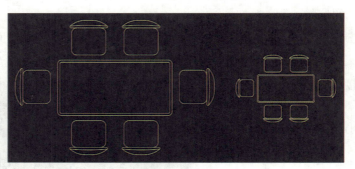

图 5–139 不同比例的插入块

③ 旋转（R）：如图 5–140 所示，选择旋转项后，根据提示可键入新的旋转角度。例如，键入"45°"，按下【Enter】键确定；然后返回插入块操作；在绘图区可见到还未确定位置的块已呈现旋转 45° 的状态，点击确定后块也将保持这个旋转方位插入绘图区（图 5–141）。

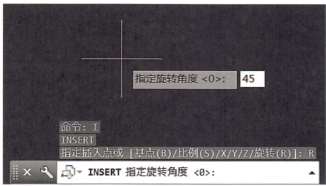

图 5-140　设置旋转角度　　　　　图 5-141　插入旋转块

五、块编辑器（BEDIT）

创建完成的块是一个整体，不能直接编辑修改其局部的构成元素，如需要做修改，例如，添加、删减或修改块的内容就需要用到"块编辑器"。块编辑可对选中块的内部进行修改编辑，被编辑后的块仍可恢复原来的整体性。

（一）"块编辑"工具的激活

激活"块编辑"工具的常用方法有以下几种：

① 键盘键入"BE"或"BEDIT"，按下【Enter】键确认。

② 通过"功能区"→"默认"选项卡→"块"功能面板→"编辑"按钮 激活"块编辑"。

通过以上方式即可打开"编辑块定义"设置面板（图 5-142）。在左侧列表中可根据名称选择当前文件中所保存的块。选中后在右侧预览窗口会显示该块的预览图。确定无误后点击下方的"确定"按钮将进入编辑块界面。

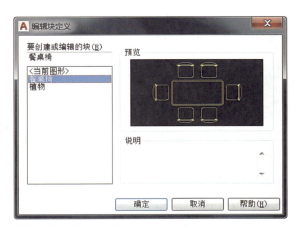

图 5-142　"编辑块定义"设置面板

★注意：如需编辑的块在绘图区可见，快速双击该图块，能直接激活"编辑块定义"设置面板，且左侧列表中，已自动选中该块名，直接点击"确定"按钮进入块编辑界面。需要说明的是，一次只能选择一个块进行编辑。

（二）块编辑的基本设置

块编辑界面如图 5-143 所示，绘图区界面变为灰色，只单独显示选中图块的内容，而其他的图形将暂时屏蔽显示。绘图区上方功能区会添加"块编辑器"选项卡，块编辑界面中提供的编辑工具种类很多，可根据需要和习惯来选择使用，本书仅介绍基本常用的工具用法。

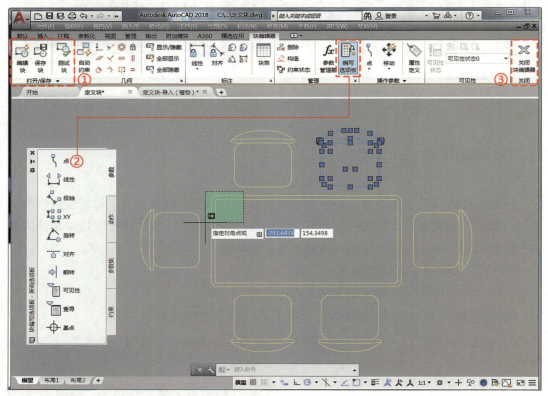

①—打开／保存；②—编写选项板；③—关闭。

图 5-143　删除对象

① 删除与添加：如图 5-143 所示，在块编辑界面的绘图区中，可选择可见的图形与线段，选中的对象可配合【Delete】键删除。

块编辑最常涉及的操作是添加内容，在编辑界面中可使用任意的创建或修改工具，为块增添线段或图形修改内容。在块编辑界面中可点击"默认"选项卡切换显示创建工具，再点选激活相应工具，更多还是采用快捷方式激活创建工具。如图 5-144 所示，激活直线工具后，可为餐桌椅图形绘制添加一些细节（图 5-145）。

除了可使用"绘图"或"修改"工具，绘制新图形和线段来修改块的内容，也可以通过插入或复制导入的方式添加块的内容。如图 5-146 所示，在块编辑界面中也可激活"插入"设置面板。点击名称列表，其中只显示了一个"植物"块，这是之前复制导入文件中的块。而当前正在编辑的块名称在列表中是不显示的。在列表中选择需插入的块名确认无误后，点击"确定"按钮将选中的块插入当前编辑的块中。

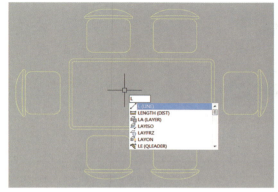

图 5-144　激活直线工具

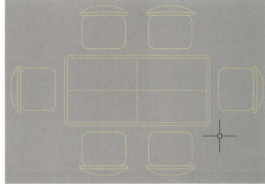

图 5-145　绘制添加图块细节

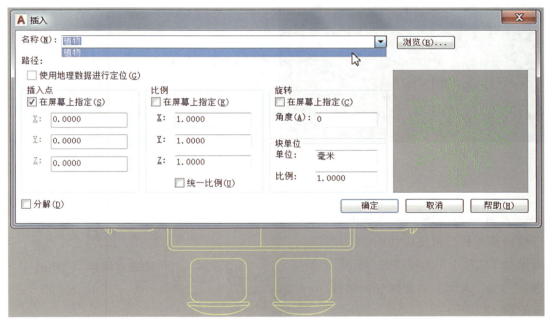

图 5-146　块插入设置面板

　　如图 5-147 所示，通过光标确定插入块的位置。插入后，还可选中插入的块按下【Delete】键删除。

　　如需添加的块内容不在文件内，可进行复制导入的操作。切换至打开的植物文件中，选中右侧的植物图块，使用【Ctrl】+【C】组合键进行复制（图 5-148）；然后切换回到之前的文件中，并按【Ctrl】+【V】组合键粘贴植物图块；最后移动并确定插入块的位置点（图 5-149）。

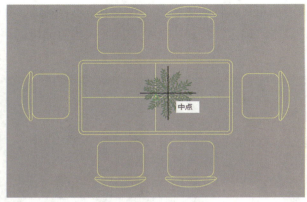

图 5-147　确定插入块

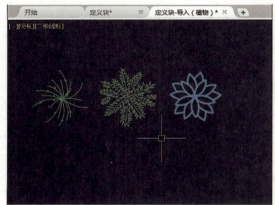

图 5-148　复制图块

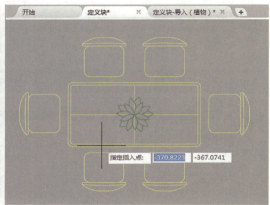

图 5-149　跨文件粘贴

② 保存与关闭：完成块的各项编辑修改后，可使用功能区"块编辑器"选项卡中所提供的"打开 / 保存"与"关闭"功能保存编辑修改的块。

图 5-150 所示为"打开 / 保存"功能面板，包括"编辑块""保存块"和"测试块"功能。点击面板标题展开后，还可找到"将块另存为"功能。

图 5-150　打开 / 保存功能面板

编辑块：点击"编辑块"，如果当前编辑的块还未保存，则会先弹出提示，可选择保存或放弃（图 5-151）；然后重新打开"编辑块定义"面板，可从名称列表中选择其他的块进行编辑。点击"确定"按钮后，当前的块编辑将会被关闭，进入新选择块的编辑界面。

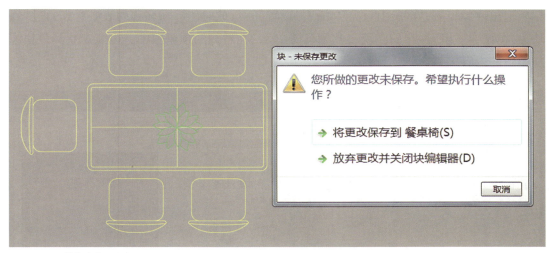

图 5-151　块保存提示

　　保存块：如图 5-152 所示，点击"保存块"后，命令行显示已保存，目前为止对当前块的所有修改内容将得以阶段保存，并自动替换当前块的内容。

　　将块另存为：如不想将目前的修改替换掉原来块的内容，则可选择使用"将块另存为"功能。如图 5-153 所示，点击该功能后在弹出的设置面板中，选择要覆盖保存的图块名称。如需保存为新图块，则在输入行中键入新建块的名称，例如，键入"餐桌椅 2"，确认无重名后点击"确定"按钮完成另存为设置。

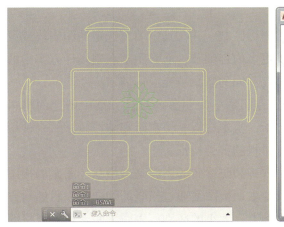

图 5-152　保存块的修改内容

图 5-153　块另存为设置面板

　　保存修改的块内容后，如需退出块编辑界面，可使用"关闭块编辑器"功能。该选项位于功能区"块编辑器"选项卡最右侧（图 5-154），点击后将直接关闭块编辑界面并退回至绘图区。如仍有未保存的修改内容，则会弹出提示，在选择保存或放弃后才可退出编辑界面。

关闭
块编辑器
关闭

图 5-154
关闭块编辑器

退出块编辑后，在绘图区激活"插入"设置面板。此时能够在名称列表中看到通过"将块另存为"功能所保存的图块："餐桌椅 2"，在右侧的预览图中，也能观察到该块添加编辑的内容（图 5–155）。

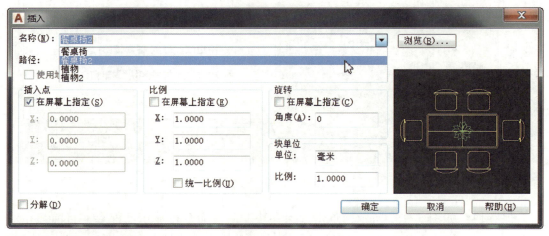

图 5–155　查找另存为的块

六、图案填充（HATCH）

"图案填充"工具能够自动识别封闭的图形区域，并在其中填充选定的图案块或设置的渐变色。图案填充工具在制图中可提供更多内容细节，通常用于表现设计方案中的不同材质。室内设计中的各类图纸绘制，都有不同的图案填充应用需求。

图 5–156 所示为住宅室内地面铺装图，专门用于说明室内设计方案中的地面材料铺贴细节。图中所示的地面铺贴材料主要包括：实木地板、仿古砖和防滑砖。每一种填充图案对应一种材料，且图案形式表现出了材料的种类特征。

代表实木地板的图案是条纹状，代表仿古砖和防滑砖的图案是方格状。图案的构图方向和比例也能体现实际材料的设计细节。如木地板图案通过横竖的朝向，表示铺贴方向的不同；仿古砖和防滑砖图案在方格的比例上有大小的区别，表明了两者材料规格的差异。

图 5–157 所示为卫浴墙的立面图，卫浴空间的四个立面展开绘制在一张立面图中。较为突出的内容除了立面结构和尺寸标注之外，就是墙面的材料铺贴。其中，小方格、斜方格及长方格三种不同的填充图案，代表了空间的墙面由三种不同规格的墙砖材料铺贴构成。

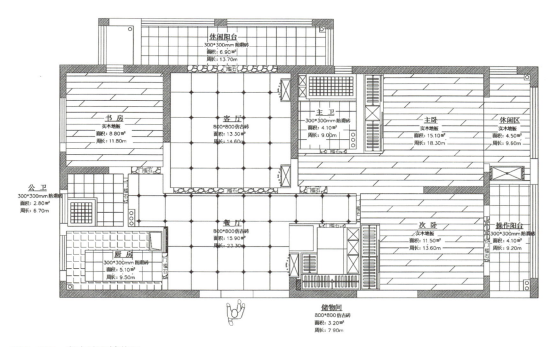

图 5-156　室内地面铺装图

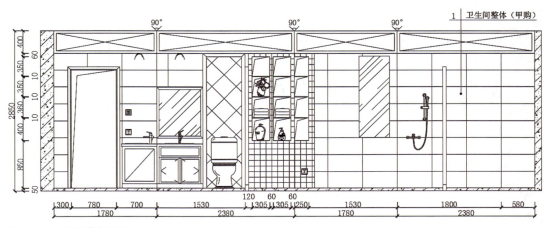

图 5-157　卫浴墙立面图

（一）"图案填充"工具的激活

激活"图案填充"工具的常用方法有以下两种：

① 键盘键入"H"或"HATCH"，按下【Enter】键确认。

② 通过"功能区"→"默认"选项卡→"绘图"功能区→"图案填充"按钮 激活。

如图 5-158 所示，激活图案填充工具后，在功能区会增加显示"图案填充创建"选项卡。选项卡下提供了多个功能设置面板，其中主要的设置包括"图案"和"特性"两个部分。

图 5-158 "图案填充创建"选项卡

（二）图案填充区的拾取

在激活"图案填充"工具后，光标也会变为十字形，同时在下方命令行会提示："拾取内部点"（即选择填充区域）。选择有效的填充区域是图案填充的第一步，图案填充工具以区域为界线填充图案，且必须为线段围合或图形内部的封闭区域。

① 有效填充区域。

打开"填充区"文件，如图 5-159 所示，包括不同线段工具所绘制的闭合图形。直线点与点之间通过端点捕捉严格连接绘制，多段线使用自身的"闭合"选项首尾封闭。这样绘制完成的闭合轮廓，其内部的区域才符合图案填充的有效区域。

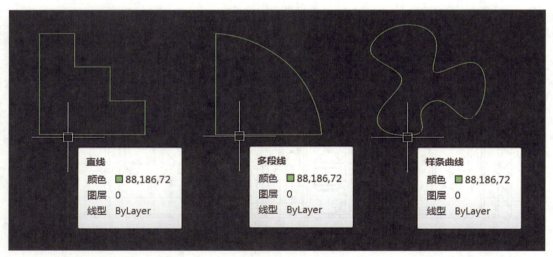

图 5-159 线段闭合图形

图 5-160 所示为由矩形、圆形和多边形工具绘制的图形，均由多段线严密围合而成，绘制完成后自动首尾闭合，为完全封闭的图形内部区域，所以也属于图案填充的有效区域。需要说明的是，矩形与多边形工具所绘制的几何图形类型均显示为"多段线"。

② 填充预览。

如图 5-161 所示，激活"图案填充"工具，分别将十字光标移至梯形、圆形和曲线围合的封闭区域内。当该区域满足封闭轮廓的条件时，会显示出填充的预览效果；当光标移开此封闭区，填充预览效果消失，可以此判断轮廓区域的有效性。在出现填充预览效果的区域中单击鼠标左键，即可确定该封闭区域为填充区域。

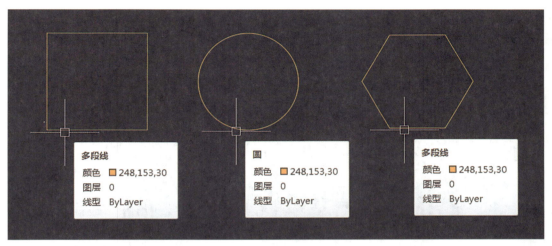

图 5-160　几何图形

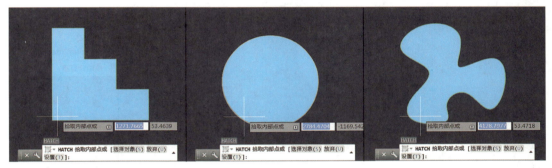

图 5-161　选择填充选区

★**注意：**显示填充预览效果时，通常默认的图案样式是"SOLID"，或因使用了默认的比例，所以填充预览的效果为单色实心。

③选区的叠加。

图案填充工具允许拾取多个相互独立的封闭区，同时作为填充区域。如图 5-162 所示，首先拾取并点击梯形封闭区，确定为填充区域；然后移动光标至圆形封闭区，显示填充预览效果的同时，光标旁出现白色加号，表示可继续添加圆形封闭区为填充区域；按照提示继续添加圆形和曲

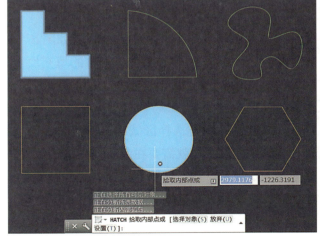

图 5-162　选区的叠加

线围合的封闭区为填充区域。

在连续选择多个封闭区时如出现错选，可通过按下【Ctrl】+【Z】组合键来撤销最近点选的区域，每按一次撤销一个选区，然后仍可继续加选其他封闭区。

经过检查无须再添加新的封闭区后，可单击右键在弹出的菜单中选择"确定（E）"结束填充操作（图 5-163）；也可直接按下【Space】、【Esc】或【Enter】键结束操作。

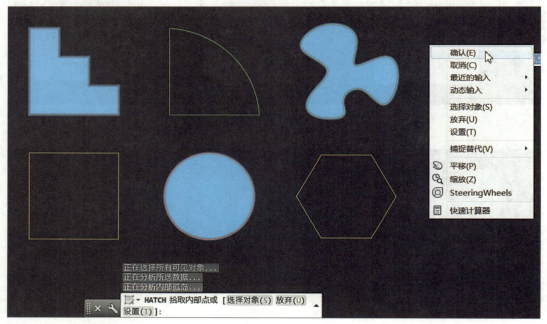

图 5-163　结束填充

（三）图案填充的设置与编辑

① 创建独立的图案填充。

图案填充产生的是一个特殊的块，如图 5-164 所示，依次选择的三个封闭区中填充了相同的图案，并形成了一个完整的填充块。无论点选填充图案的哪个区域，三个区域的填充内容都会被同时选中。这是一种方便管理的默认设置，也便于选择与继续编辑。

如果在图案填充选择区域时，要使先后拾取的多个封闭区在完成选择后，形成相互独立的填充块。那就需要在激活填充工具后，先选择"创建独立的图案填充"选项。如图 5-165 所示，通过"图案填充创建"选项卡 → 点击"选项"面板标题 → 点击"创建独立的图案填充"选项。

选择选项后回到绘图区，使用光标分别拾取矩形、扇形和六边形的封闭区，确认无误后结束填充操作（图 5-166）。

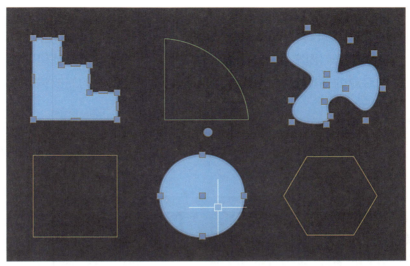

图 5-164　图案填充块

图 5-165　创建独立的图案填充

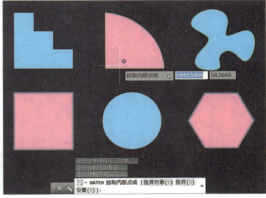

图 5-166　再次选择多个封闭区

　　如图 5-167 所示，在选择"创建独立的图案填充"选项后，被拾取的多个封闭区，均形成相互独立的填充块。矩形、扇形和六边形三个填充块各自独立，可被单独选择。

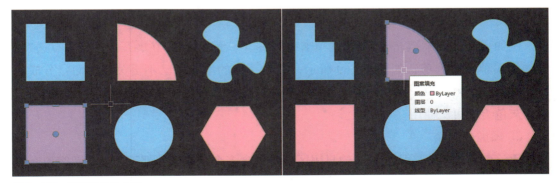

图 5-167　填充块各自分离

② 图案填充编辑。

创建的填充图块仍可再次编辑。如图 5–168 所示，当选中已创建的多区域填充图块时，功能区会显示出"图案填充编辑器"选项卡，与"图案填充创建"选项卡的内容一致。设置其中对应的选项参数，可以实现对已创建填充图块的修改编辑。

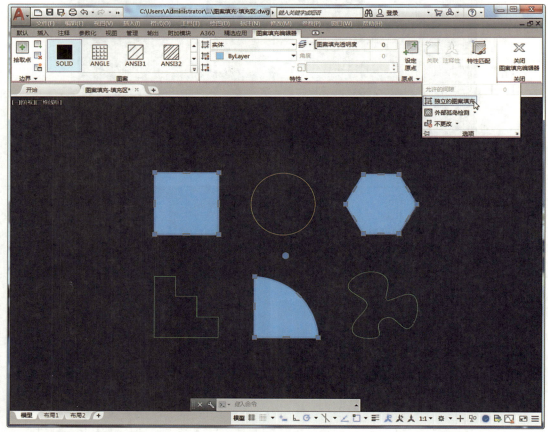

图 5–168　图案填充编辑器

例如，点击"图案填充编辑器"选项卡中的"选项"面板标题，在展开的面板中点选"独立的图案填充"选项，如图 5–169 所示，原本一体的填充块已不再关联，而是分成各自独立的三个填充块，只能分别选择并单独进行编辑，并且"独立的图案填充"选项显示为灰色无法再次使用。

③ 添加或删除。

无论创建的填充图块是单一的封闭区还是包含多个封闭区，都可通过"图案填充编辑器"添加新的封闭区，也可以将选中的封闭区删减。

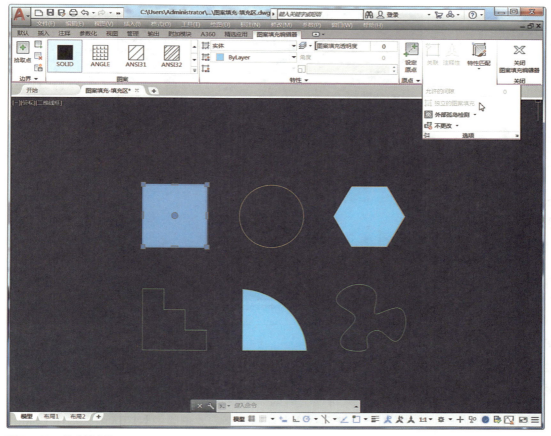

图 5-169　修改填充块

添加：如图 5-170 所示，选取梯形、圆和六边形封闭区创建填充块；选中创建好的填充块，点击"图案填充编辑器"选项卡中的"拾取点"选项（图 5-171）；然后点选添加曲线封闭区（图 5-172），单击【Enter】或【Space】键确定完成添加；最后按下【Esc】键可退出填充图块选择，结束该次填充编辑。

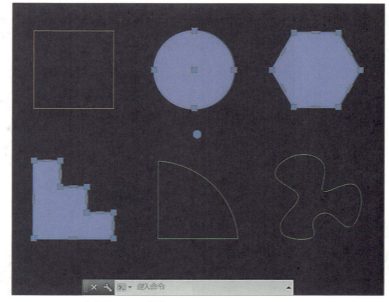

图 5-170　创建多封闭区填充块

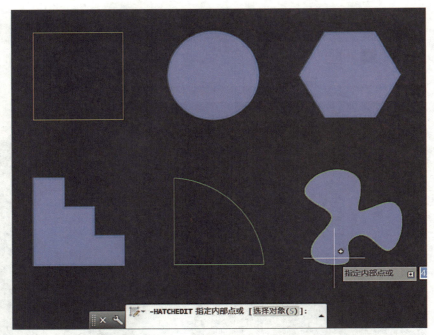

图 5-171 拾取点选项　图 5-172 添加封闭选区

删除：如图 5-173 所示，重新选中前面编辑过的填充图块，再次选择"图案填充编辑器"选项卡中的"拾取点"选项；将光标移动至需要删除的封闭区中，按住【Shift】键不放，当十字光标旁的"+"号变为"-"号的同时，再点击该封闭区；最后单击【Enter】或【Space】键确定，按【Esc】键结束该次填充编辑。

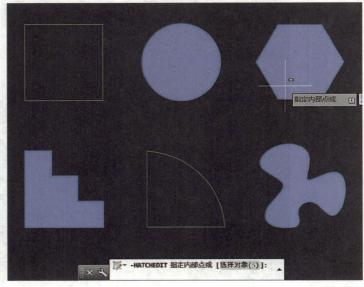

图 5-173 删除封闭选区

最后的结果如图 5-174 所示。通过拾取六边形封闭区而删除了该区域的填充图案。剩下的填充区包括梯形、圆形和曲线。

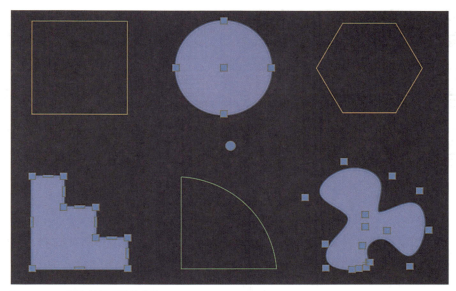

图 5-174　删除封闭区的填充块

④ 图案。

在创建填充图块时可选择填充的图案样式，如果未选择，也可点选创建好的图块再次修改图案样式。激活图案填充工具后，在选择封闭区之前，可在"图案填充创建"选项卡下的"图案样式列表"中选择需要的图案样式（图 5-175）。点击样式列表右侧的按钮，可展开样式列表显示更多图案。

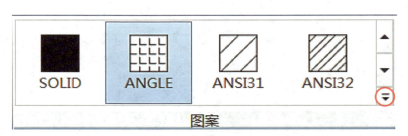

图 5-175　点击红色圆圈处按钮可展开列表

图 5-176 所示为展开的图案样式列表，移动右侧的滑动条或滚动鼠标中间，可上下浏览样式，点击选中的样式会显示在填充图块中。

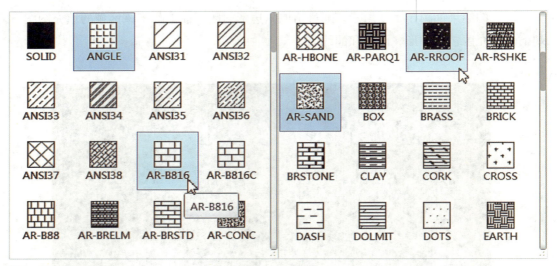

图 5-176 图案样式列表

打开"图案填充－沙发"文件，激活填充工具，在图案列表中首先选择"AR-SAND"样式，这是一种点状样式，可用于表现地毯等软性材料。如图 5-177 所示，光标移至沙发中地毯封闭区域，当显示出填充预览效果后，单击鼠标左键确定填充；按下【Esc】键或点击"图案填充创建"选项卡中的"关闭"按钮结束地毯区填充操作。

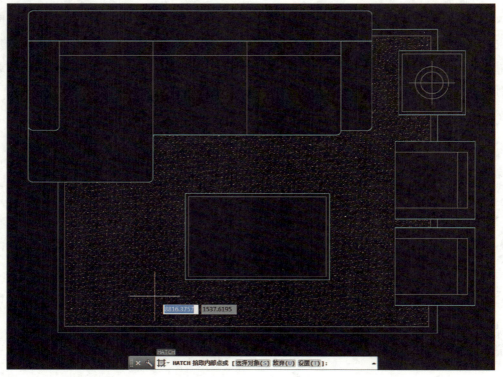

图 5-177 选择地毯封闭区

★**注意：**同一次填充操作内选择的多个封闭区只能填充相同的图案样式，如需填充不同样式，则必须分开几次选取来填充。

再次激活图案填充工具，选择"AR–RROOF"样式，这是一种横条纹的样式，可表现玻璃材料。光标分别拾取茶几和边几中的封闭区，确认预览效果无误后点击"确定"按钮；然后退出完成填充操作（图 5–178）。

图 5–178　选择茶几、边几封闭区

⑤ 特性。

"图案填充创建"与"图案填充编辑器"选项卡中的"特性"，均提供了设置图案样式比例和方位角度的选项。如图 5–179 所示，"填充图案比例"图标后的默认数值"1"是原始比例，可键入新的数值调节填充图案的显示大小。键入大于 1 的数值图案比例放大，反之则缩小。而"角度"的数值可调整填充图案的显示方位，"0"度为水平角度，填入其他角度数可以旋转图案的方位角度。

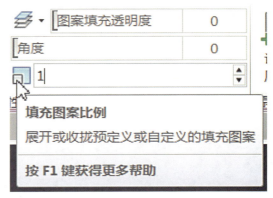

图 5–179　特性修改

图 5-180 中，沙发经过两次填充后的图案由于没有设置比例，因而在显示上图形感觉过于密集。首先点击选择地毯填充图块，可见特性中的"填充图案比例"数值为默认数值"1"。

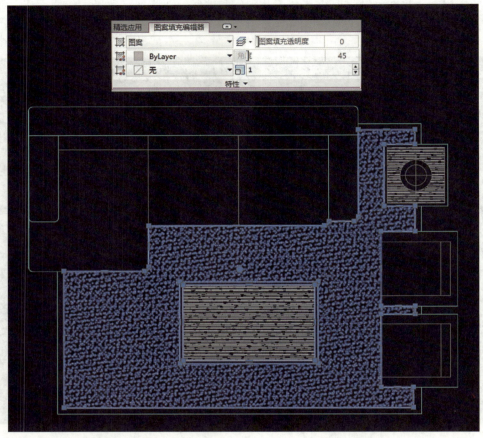

图 5-180   选择地毯填充图块

如图 5-181 所示，将地毯填充图块的"填充图案比例"数值改为"5"，按下【Enter】键确定，可见到沙发地毯的填充图案显示比例发生了改变，地毯区填充图案的比例放大至原来的 5 倍，点的排列显示变得不那么密集了。

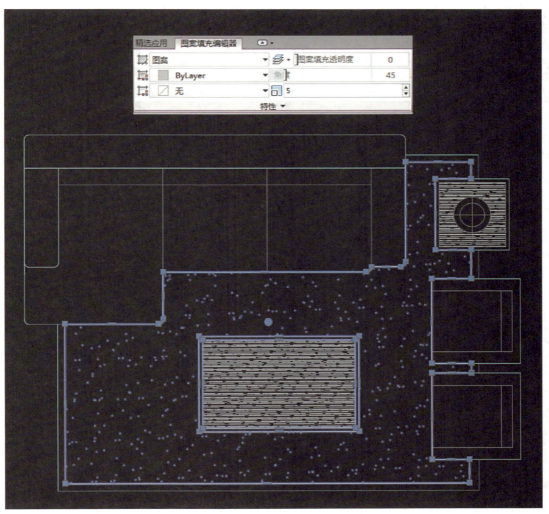

图 5-181　修改图案显示比例

　　修改茶几玻璃填充图块的显示比例。如图 5-182 所示，先选中茶几玻璃的填充图块，接着修改比例数值为"12"，按下【Enter】键确定，将茶几玻璃填充图案显示比例放大。

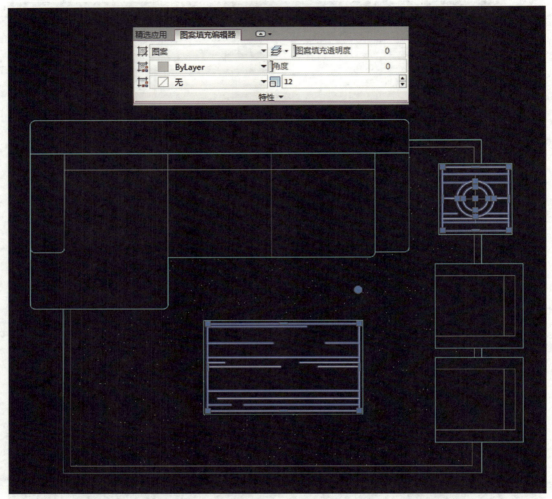

图 5-182　修改玻璃填充图块显示比例

　　制图规范中，通常表达玻璃材料是采用不等距且间断的"斜线"，而要让茶几玻璃已经填充的图块角度改变，需要设置"特性"中的"角度"数值。选中茶几玻璃填充图块后，修改角度数值为"45"，按下【Enter】键确定。可见茶几填充图块的方位变为斜向（图5–183），符合制图规范的要求。

　　★注意：填充图案的样式和特性，都可在激活图案填充工具时预先设置，然后再选择填充封闭区完成图案填充创建。

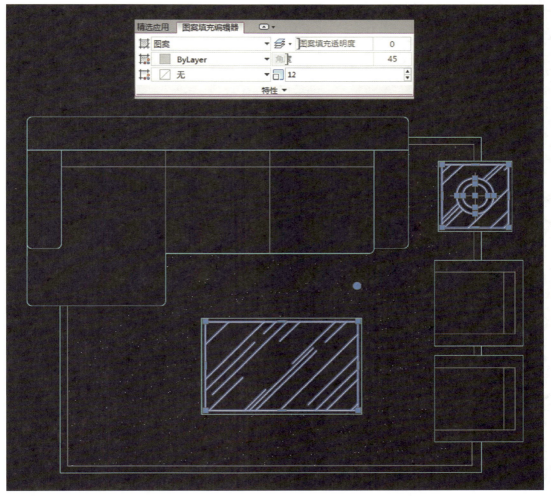

图 5–183　调整玻璃填充图块的方位

第 六 章

AutoCAD 图形修改工具

在 AutoCAD 中绘制的设计图纸，既要求符合制图标准又必须准确传达设计结构和尺寸。"二维图形"工具仅能创建出各种基本线段和图形，其编辑的方式也很有限。通常大部分的设计都要求图形具备更加复杂的结构和尺度关系，所以仅靠"二维图形"创建工具还远不能达到要求。AutoCAD 中还提供了多种"修改工具"，具有更加全面的修改功能，可将基本的线段和图形编辑得更加复杂多样，以符合设计制图中对结构、尺度和规范的要求。

第一节　基本修改

AutoCAD 中的基本修改类工具包括"移动""旋转"及"删除"工具。这些工具本身对图形不会产生实质性的改变，只能改变选中图形对象在绘图区的位置、方位角度，以及去除不需要的图形内容。此类工具操作简单，制图中使用频率较高。

一、移动（MOVE）

通过二维图形工具创建出的基本图形，常需要进行 2 次定位，一般都通过"移动"工具完成。移动工具可对被选中的图形对象进行准确的距离移动或目标对齐。通常配合"对象捕捉""极轴追踪"等辅助工具使用，可提高精准度。

（一）"移动"工具的激活

通常激活"移动"工具可以通过以下三种途径：

① 键盘输入"M"或"MOVE"，按下【Enter】键确认。

② 选中图形→单击鼠标右键→选择"✛移动（M）"选项。

③ 通过"功能区"→"默认"选项卡→"修改"功能面板→点击"移动"按钮 ✛ 。

★注意：修改类工具使用时需选择一个或多个施加对象。可先激活修改类工具再选择对象，也可先选中对象，再激活修改工具来使用。

（二）"移动"工具的使用

①激活"移动"工具：打开文件"移动"。如图 6-1 所示，打开的文件中，包括可构成平面餐桌椅的基本图形，其中椅子和餐具已分别创建为单独的块。激活"移动"工具后，光标会变为拾取方框标记，根据提示先选中椅子作为移动对象，如果目标为多个对象，还可以通过点选或框选继续添加，下方命令行会显示添加的顺序和数量。使用框选将餐具和桌子选中添加为对象（图 6-2）。

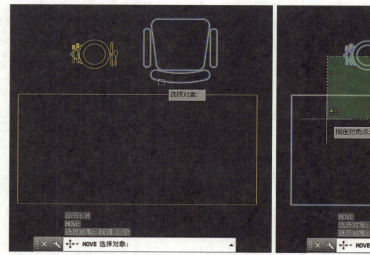
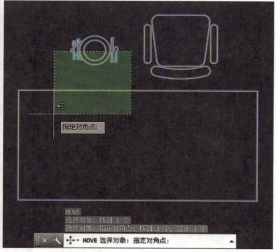

图 6-1 激活"移动"工具后选择图形　　　图 6-2 添加选择多个图形

在已被选中的多个对象中如果有错选的，可在保持选择的状态下（光标始终显示为白色拾取方框），通过快捷键的配合点选或框选需要排除的对象。如图 6-3 所示，将拾取光标移至餐具块上，按住【Shift】键同时单击鼠标左键点击餐具块，即可取消其选择；按照相同的方式取消长桌面的选择，只保留椅子块为被选择的状态（图 6-4）。

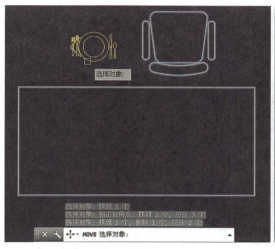
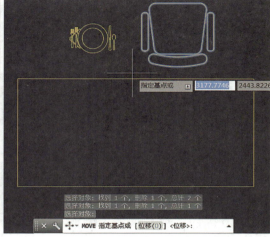

图 6-3　配合【Shift】键取消餐具选择　　　　图 6-4　取消长桌面选择

　　确认需移动的图形都已选中，单击鼠标右键即可结束选择（也可按下【Space】或【Enter】键结束选择），这时光标会变为十字形；进入下一步，命令行提示指定移动基点。该"基点"作用相当于块的插入点，如移动时无精确的对齐需求，则一般选择移动对象附近或内部的任意点均可。光标移至在椅子块左下位置，点击"鼠标"左键确定本次移动的基点。

　　如图 6-5 所示，基点确定后，移动光标向左下方移动，椅子块会跟随光标同步移动。将椅子块移至长桌面左下方位置，并预留放下第二张椅子的空间，保持椅子与长桌面上下留有一定间隙，确认无误单击鼠标左键确定完成该次移动。

　　如移动对象时有较精确的定位要求，还可以通过对象捕捉，将基点定位在移动对象的某个端点或中点上。如图 6-6 所示，将移动对象的基点定位在椅子正面边缘线的

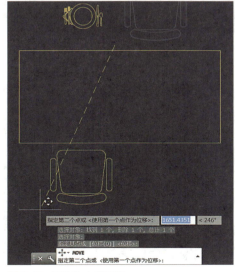
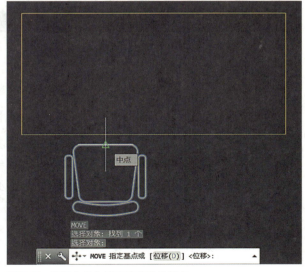

图 6-5　移动选中的图像　　　　　　　　　　图 6-6　选择中点为椅子块移动的基点

中点上；然后移动光标，通过基点将椅子块分别捕捉对齐至长桌边缘的垂直交点或中点上（图 6-7、图 6-8），通过点对点的捕捉对齐并确定后，可分别得到图 6-9 和图 6-10 所示的不同结果。

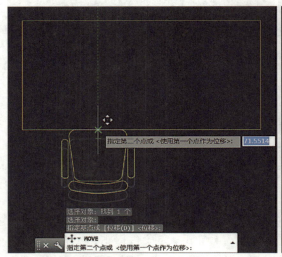

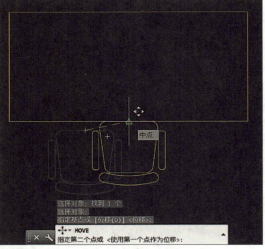

图 6-7　将基点捕捉对齐至长桌边的垂直交点　　图 6-8　基点捕捉对齐至长桌边的中点

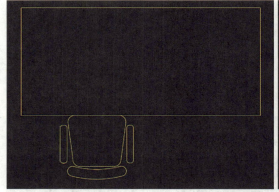

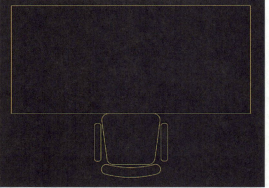

图 6-9　椅子块对齐桌面　　图 6-10　椅子块对齐桌面中点

② 先选择对象。也可以先选择对象再激活移动工具。如图 6-11 所示，先选中餐具块后再激活移动工具，就可以直接选择基点，但无法再继续添加或删除对象；如图 6-12 所示，选择餐具圆心为基点，然后以基点为参照向下移动块；同时捕捉椅子边线中点，并延伸出垂直的捕捉追踪参考线；与长桌边缘保持适当距离并在参考线上确定餐具移动的位置（图 6-13）。

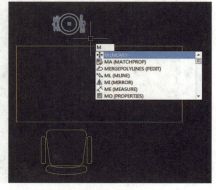

图 6-11　先选泽移动对象

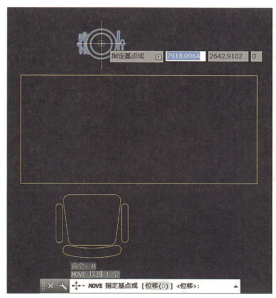

图 6-12 选择基点并移动

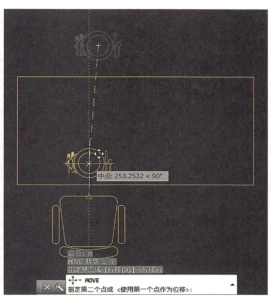

图 6-13 在延伸线上确定位置

③ 移动距离。使用移动工具移动图形对象时,还可以精确指定移动的距离。例如,按图 6-14 所示,选择餐具与椅子块作为对象,激活移动工具,任意选择一个基点;然后结合极轴锁定平行轨迹并向右侧移动,根据提示输入移动距离"700",按下【Enter】键,确定水平移动距离(图 6-15),可使两个图块平行向右侧精确移动 700 mm 的距离。

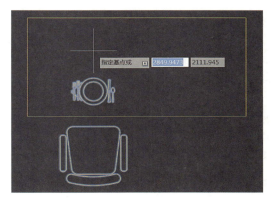

图 6-14 选择移动对象并水平移动

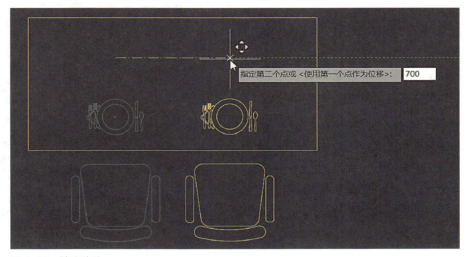

图 6-15 精确移动

二、旋转（ROTATE）

"旋转"工具可将选中的图形对象以基点为中心进行旋转。通过光标移动或输入数值，控制旋转的角度和顺逆方向；还可以复制对象并同时对其旋转，并且保留原对象位置不变。

（一）"旋转"工具的激活

通常激活"旋转"工具可以通过以下三种途径：

① 键盘输入"RO"或"ROTATE"，按下【Enter】键确认。

② 选中图形→单击鼠标右键 →在弹出的对话框中选择"旋转（O）"选项激活。

③ 通过"功能区"→"默认"选项卡 →"修改"功能面板 →点击"旋转"按钮 ⟳ 激活。

（二）旋转图形

继续编辑移动过的餐桌椅文件，如图 6–16 所示，先激活"旋转"工具再选择所有的图形，并单击鼠标右键确定；指定基点在长桌面较中心的位置，此基点将起到旋转圆心的作用；确定基点后，可以基点为圆心自由旋转选中的图形，最后确定旋转的角度。

图形旋转角度的确定方法：

① 自由确定：如图 6–17 所示，在旋转时，可移动光标随意旋转方向与角度，也可借助极轴设置的角度来捕捉旋转的角度。只需在旋转出满意的角度时单击鼠标左键，就能将当前看到的旋转结果确定下来。

② 输入角度：如图 6–18 所示，在将餐桌椅图形随意"逆时针"旋转一定角度后输入"45°"，按下【Enter】确定。这种方法通常在极轴不能捕捉到所需旋转角度时使用。

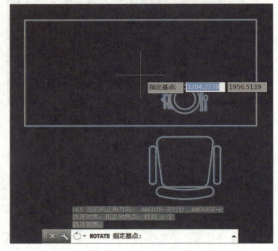

图 6–16　激活"旋转"工具，选择对象并指定基点

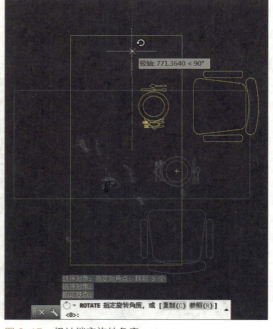

图 6–17　极轴锁定旋转角度

如图 6-19 所示，输入角度数值确认后，餐桌椅块的方位相对之前整体逆时针旋转了 45°。采用"自由确定"的方式时，无须注意旋转的顺逆方向，光标控制旋转单击鼠标左键确定即可；而使用"输入角度"时，就需要注意输入数值与图形顺逆旋转方向的关系。

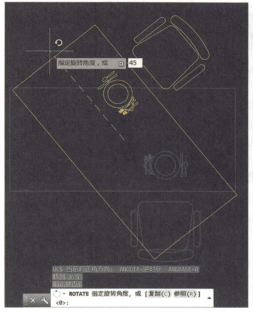

图 6-18　输入图形旋转的角度

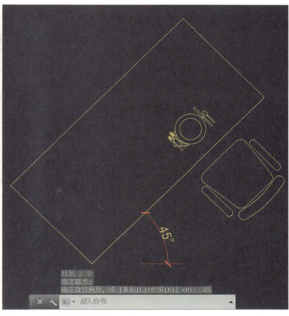

图 6-19　逆时针旋转为正向

AutoCAD 中默认逆时针旋转方向为正向，顺时针方向为负向。所以旋转图形时输入正角度数值，图形将逆时针旋转；而输入负数角度时，图形将顺时针旋转。之前输入的旋转角度为正数，所以餐桌椅逆时针旋转了 45°。

图 6-20 中，选中餐桌椅图形后定位基点，再移动光标将图形逆时针旋转至接近 45°；输入角度数值"-45°"，按下【Enter】确定。在图 6-21 中看到，餐桌椅图形按照顺时针方向旋转了 45°。从两次输入数

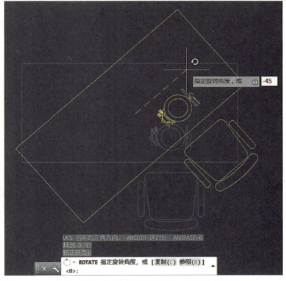

图 6-20　旋转对象时，原图形会以灰色线框显示

值的过程和结果看，图形旋转的最终方向由输入数值的正负决定，与光标所控制的旋转顺逆方向无关。

（三）旋转复制

激活"旋转"工具选择对象，在选择基点后，其命令行中会提供"复制（C）"的选项，选择此项可将选中的图形进行复制旋转。

如图 6-22 所示，选中餐具和椅子块后激活旋转工具，再选定适合的基点；当确定基点后可看到命令行中的新选项，通过输入"C"，按下【Enter】键确定，或直接点选命令行的"复制（C）"选项激活。

图 6-21　对象顺时针旋转 45°

选择复制选项后，如图 6-23 所示，选中图形的显示发生了变化。选择前图形在原位置上显示是灰色，而选择后变为原本的颜色，同时光标旁的标记变为复制的标记。

通过极轴捕捉到逆时针 90° 并确定，完成图形的复制旋转。被选中的餐具和椅子块保留在原处没有变化，而另外复制图形进行了旋转。

★**注意：** "旋转"工具提供的复制功能一次仅能复制出一个（组）对象，如需要同时旋转复制出多个（组）对象，可以使用"环形阵列"工具。

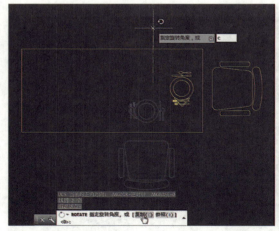

图 6-22　旋转图形

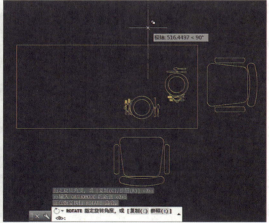

图 6-23　旋转复制图形

三、删除（ERASE）

"删除"命令也是制图中经常使用的一种编辑工具，当出现不需要的图形时，可将选中的图形对象从绘图区中删除。

（一）"删除"工具的激活

激活"删除"工具可以通过以下三种途径：

① 键盘输入"E"或"ERASE"，按下【Enter】键确认。

② 选中图形→单击鼠标右键→"✐删除"选项。

③ 通过"功能区"→"默认"选项卡→"修改"功能面板→点击"删除"按钮✐。

（二）"删除"工具的使用

如图 6-24 所示，激活"删除"工具后，可点选或框选需要删除的图形，被选中的对象显示为灰色。如需撤销选中的对象，可按【Ctrl】+【Z】组键，每按一次可撤销最近一步的选择，直至撤销所有的选择。选定需要删除的对象后，单击鼠标右键或按【Enter】、【Space】键可完成删除；如图 6-25 所示，选中的图形已从绘图区删除。

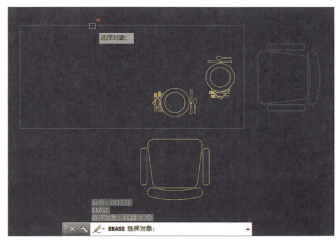

图 6-24 选择对象并删除

图 6-25 删除结果

还有一个最简单快速的删除用法，如图 6-26 所示，通过点选或框选选中要删除的对象，然后按下【Delete】键，结果如图 6-27 所示，可直接删除选中的对象。

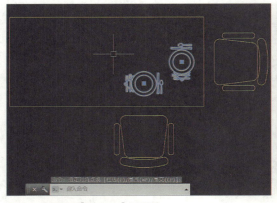

图6-26　通过【Delete】键删除

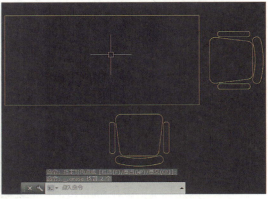

图6-27　删除结果

第二节　复制修改

AutoCAD制图中经常需要绘制大量重复的图形，例如，陈设、家具甚至平面框架等，通过复制修改类工具可快速拷贝复制图形，从而大量节省绘图时间。常用的复制修改类工具包括"复制""镜像"和"偏移"，可满足不同方式的图形复制需求。

一、复制（COPY）

使用"复制"工具，可以将选中的图形快速复制，可以自定义复制图形的数量及与原始图形的偏移距离。

（一）"复制"工具的激活

激活"复制"工具可以通过以下三种途径：

① 键盘输入"CP"或"COPY"，按下【Enter】键确认。

② 选中图形→单击鼠标右键→在弹出的选项中选择"复制选择（Y）"选项。

③ 通过"功能区"→"默认"选项卡→"修改"功能面板→点击"复制"按钮 。

（二）"复制"工具的使用

如图6-28所示，选择餐具块后激活"复制"工具；"激

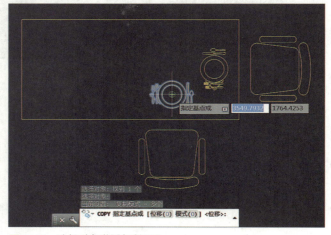

图6-28　选择对象激活复制工具

活"工具后在命令行中出现新的
选项："位移 [D]"和"模式 [O]"。
"位移 [D]"的作用是强制使用
原点坐标作为基点（移动工具中
也有相同的选项）。"模式 [O]"
的作用可选择单个复制模式还是
多个复制模式。

①单个模式：如图 6-29 所
示，选择"模式 [O]"选项后，
会提示选择"单个（S）"或"多
个（M）"。

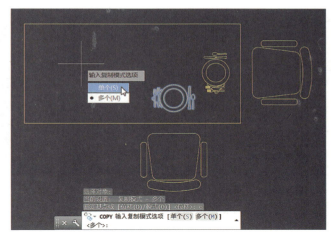

图 6-29　选择单个复制模式

首先选择"单个（S）"模式。
选择单个模式后在餐具块上方确
定基点；"复制"工具和"移动"
工具操作类似，在确定基点后可
以自由移动复制的图形并点击确
定其摆放位置；也可以通过输入
移动数值来定位与原图的距离。

如图 6-30 所示，以基点为
参照向左锁定平行轨迹并移动复
制餐具块；然后输入移动距离数
值：700，按下【Enter】键确定。
由于选择的是"单个（S）"模式，
所以在确定复制图形的位置后，
复制过程就自动结束了，需再次
激活才可以进行复制操作。

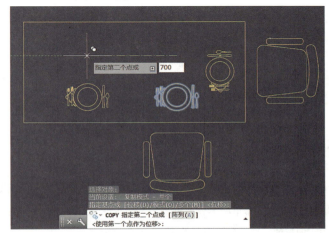

图 6-30　输入数值确定复制移动距离

最后结果如图 6-31 所示，
被复制的餐具块离原对象的间距
为 700 mm，两者位置水平。

★注意：单个复制模式中
输入的距离数值，是指原始图形
和复制图形中相同端点之间的距
离，而不是两者间的净距离。如

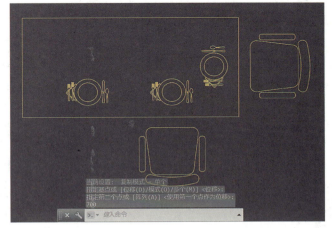

图 6-31　单个复制结果

图 6-32 所示，绘制边长为 100 mm 的正方形，复制并向右侧水平移动，输入移动距离
数值为 150 mm，结果如图 6-33 所示，两个正方形的间距为 50 mm，而相同端点之间的

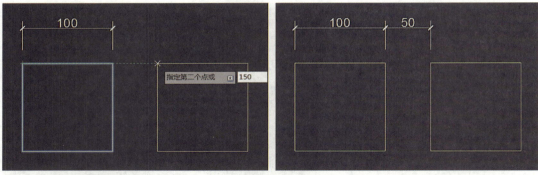

图 6-32　复制图形并向右移动 150 mm

图 6-33　复制图形间距 50 mm，相同端点间距离为 150 mm

距离为 150 mm。

②多个模式：如图 6-34 所示，撤销单个模式复制结果，选择餐具块后再次激活"复制"工具；这时命令行中显示"当前设置：复制模式＝单个"，且命令行中多出一个选项"多个 [M]"。如果前次复制通过"模式 [O]"使用了单个模式，则下一次复制仍然默认采用相同模式。直接点选命令行的"多个 [M]"选项可使本次复制操作变为多个复制，但下一次激活"复制"工具时，其当前复制模式仍然为单个。

如想更改当前复制模式，则必须通过"模式 [O]"重新选择。可根据制图操作需要而更改当前复制模式。

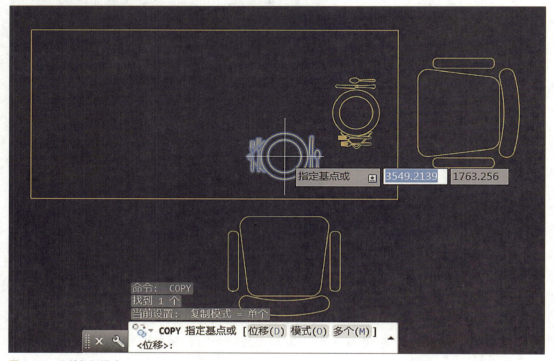

图 6-34　当前复制模式

选择"模式 [O]",更改当前复制模式为"多个（M）"选项；如图 6-35 所示，确定基点，然后可以连续指定复制餐具块的摆放位置，可以任意摆放，也可以输入指定距离来确定。在该模式下复制的数量无限制，直至按下【Esc】、【Space】或【Enter】键退出复制操作。

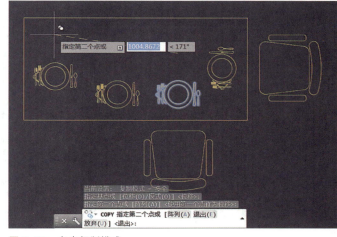

图 6-35　多个复制模式

二、镜像（MIRROR）

"镜像"工具可将选中的图形像照镜子一样反转复制，得到的图形结构比例一样，但是轮廓的方向完全相反。镜像工具适合绘制对称结构的图形，沿中轴线绘制其中一半，再运用镜像复制出相反的另一半，最后合成完整的图形。

（一）"镜像"工具的激活

激活"镜像"工具可以通过以下两种途径：

① 键盘输入"MI"或"MIRROR"，按下【Enter】键确认。

② 通过"功能区"→"默认"选项卡→"修改"功能面板→点击"镜像"按钮◢◣激活。

（二）"镜像"工具的使用

打开文件"镜像 - 柱子"，如图 6-36 所示，这是一个未完成的柱子图形，由于左右对称且结构相对复杂，先沿中轴线绘制一半，另一半可通过镜像将其复制。

图 6-36　激活"镜像"工具

激活"镜像"工具，按照提示先选择镜像的图形。如图 6-37 所示，反选框选已绘制好的柱子图形，注意不要选中中轴线，然后单击鼠标右键确定；再按照提示选择镜像线第一点，该点的选择将决定镜像后复制的图形与原图形的间距。拾取灰色中轴线上中点作为镜像线第一点（图 6-38）。

按图 6-39 所示，确定镜像线第一点后，通过光标将镜像反转的图形以第一点为圆心旋转移动。按照提示指定镜像线的第二点，在中轴线中点偏下位置拾取第二点，这样正好将镜像的反转图形与原图形，以中轴线为镜像线左右拼合起来。

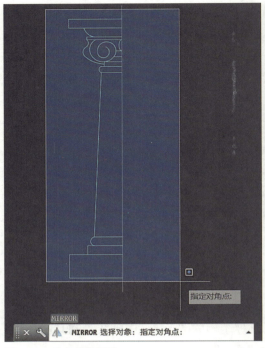

图 6-37　选择镜像图形

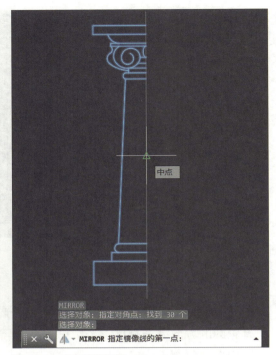

图 6-38　确定镜像线第一点

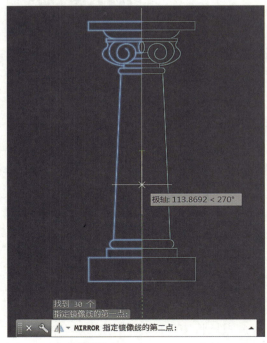

图 6-39　沿镜像线镜像图形

如图6-40所示，当第二点拾取完毕后，结束镜像之前，最后还会提示："是否需要删除源对象？"。如果选择"是（Y）"，则原图形会被删除，只剩下镜像的部分；如果选择"否（N）"，则原图形和镜像图形都得以保留。可视情况选择，一般多选"否（N）"，可以直接按下【Enter】键确定。选择后镜像操作自动结束。

镜像后将中轴线删除，其结果如图6-41所示。根据镜像线位置的不同可以产生出不同的位置偏移效果。

打开文件"镜像－椅子"文件，如图6-42所示，通过之前移动、旋转和复制工具的编辑，已完成了一半餐具和椅子的布置，而另一半图形内容位置对称，正适合使用镜像来完成。首先激活"镜像"工具，反向框选下方的餐具和椅子块并确定。

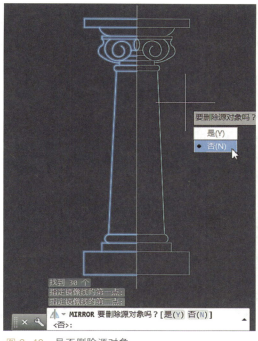

图 6-40 是否删除源对象

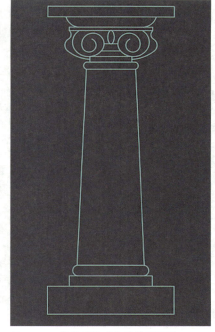

图 6-41 镜像后构成完整柱子图形

如图 6-43 所示，选中需要复制的块后，按照上下对称摆放的需要，拾取长桌右侧短边中点为镜像线的第一点，然后在极轴水平线上确定镜像线的第二点。这样复制后的块与原始块的相对位置就上下对称了。

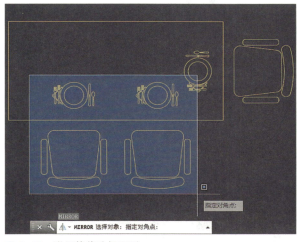

图 6-42 激活镜像选择图形

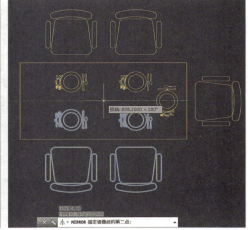

图 6-43 上下镜像餐具与椅子

如图 6-44 所示，将右侧椅子与餐具选中进行左右镜像，使其结果左右对称。

图 6-45 所示为两次镜像后的最终结果。通过上下和左右两组对称镜像，精确复制完成剩余椅子和餐具的布置。这样通过移动、旋转、复制和镜像工具的几次修改操作，绘制了完整餐桌椅的平面图。

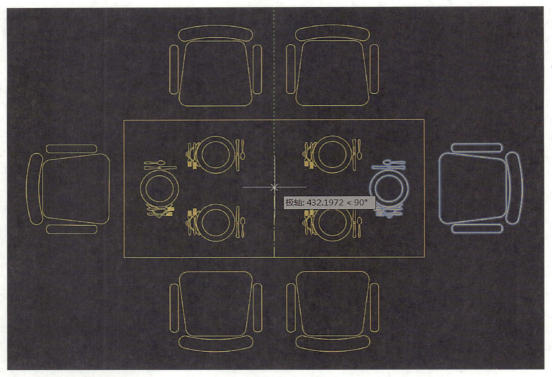

图 6-44　左右镜像餐具与椅子

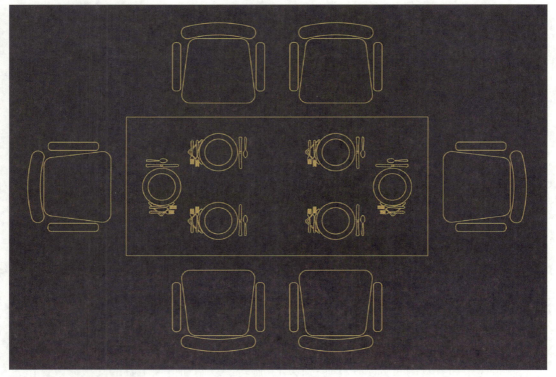

图 6-45　完整餐桌椅平面图

三、偏移（OFFSET）

"偏移"工具是一种特殊的复制工具，可对单个选择对象（单线或单个几何图形）进行平行方向的复制，且一次只能复制出一个结果。其区别于其他复制工具的功能还在于，可预设复制对象的偏移距离，并且能连续应用预设的偏移距离进行选择复制，适合数量较多且距离相等的复制需求。

（一）"偏移"工具的激活

激活"偏移"工具可以通过以下两种途径：

① 键盘输入"O"或"OFFSET"，按下【Enter】键确认。

② 通过"功能区"→"默认"选项卡→"修改"功能面板→点击"偏移"按钮 激活。

（二）"偏移"工具的使用

如图 6-46 所示，激活"偏移"工具，首次激活"偏移"工具会提示：指定偏移距离或选择"通过"，命令行中也会列出："通过（T）""删除（E）""图层（L）"三个选项。

① 通过（T）：选择此项不需要预设偏移距离，而是根据光标移动距离来决定偏移距离，也可以通过对象捕捉或输入距离参数确定复制对象的移动距离。

如图 6-47 所示，激活"偏移"工具后选择"通过（T）"选项，光标变为拾取方框，提示选择要偏移的对象。"偏移"工具一次只能点选一个图形对象，在点选了水平直线后选择就自动结束了。

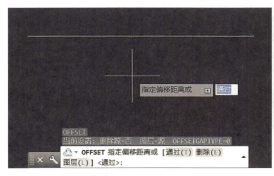

图 6-46　激活"偏移"工具

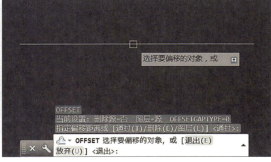

图 6-47　选择通过选项并选择偏移对象

选择偏移对象后，可通过移动光标来决定偏移的方向与距离。如图 6-48 所示，光标上下移动可决定偏移方向。源对象为水平直线，所以只能在其上或下点击，产生与之平行且等长的直线。偏移距离等于光标与源对象的距离，当前的偏移距离数值会在光标旁即时显示。当距离适合时单击鼠标左键，就可以将复制直线的位置确定下来。

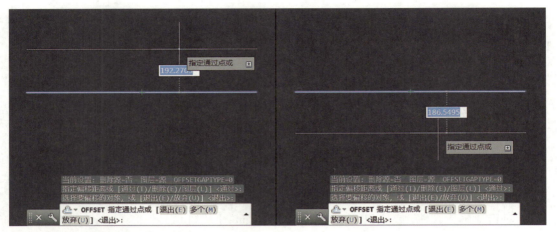

图 6-48　光标点击确定上下偏移距离

　　偏移过程中不仅是水平直线的复制，偏移结果一定与源对象保持平行。如图 6-49 所示，垂直线或其他任意角度的直线在使用偏移复制时，无论选择左右或上下，偏移出的直线也一定与源直线保持相互平行。

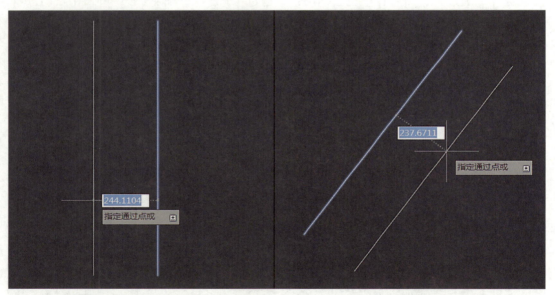

图 6-49　偏移结果与源对象始终保持平行

　　如图 6-50 所示，当偏移的对象是圆弧、多段线或曲线时，偏移的结果仍然强制与源对象保持平行，且根据方向其结果会产生放大或缩小的变化，偏移出的结果与源对象并不完全一样。

　　如图 6-51 所示，在偏移对象为封闭轮廓的矩形、圆形和多边形时，其偏移方向可分为内外，也会根据偏移的方向出现不同的缩放结果。向内时其轮廓缩小，向外时其轮廓则放大。

图 6-50　白色为源对象，橙色为偏移结果

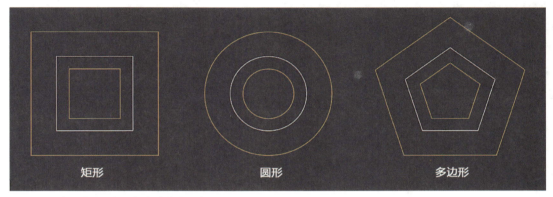

图 6-51　白色为源对象，橙色为偏移对象

　　如果需要准确确定偏移的距离，可在确定偏移方向后输入偏移的数值。如图 6-52 所示，选中线段后光标向下移动，输入距离参数"200"，按下【Enter】键确定；当确定第一个偏移距离后命令并不会退出，光标重新变为选取方框，表明可以继续选择下一个偏移的对象（图 6-53）。

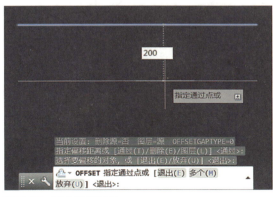

图 6-52　输入偏移距离

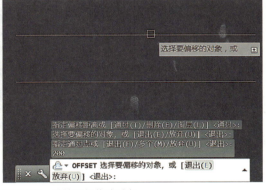

图 6-53　继续选择偏移对象

　　如图 6-54 所示，还是选择中间源直线后光标上移继续偏移操作，输入距离参数"120"，按下【Enter】键确定，完成第二次偏移操作。

光标再次变回拾取方框时如想结束偏移命令，可按下【Esc】、【Enter】或【Space】键结束并退出偏移操作。最后的结果如图 6-55 所示，两次偏移的结果与源直线平行，分别间隔 200 mm 与 120 mm。

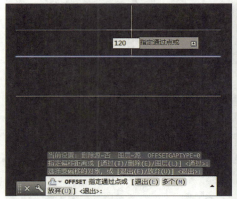

图 6-54　再次输入偏移距离　　　　　　　图 6-55　两次偏移的结果

② 指定偏移距离："偏移"工具可以预先设置好偏移的距离，便于重复选择对象进行等距的偏移。如图 6-56 所示，激活"偏移"工具，根据提示输入指定偏移距离"50"，按下 【Enter】键确定。如图 6-57 所示，点选水平直线后再将光标移至直线下方，这时能看到源直线下方显示出一根新的直线，该条直线为等距偏移的预览效果，两者间距为预设距离 50 mm。如需确定该偏移结果，在源直线下方单击鼠标左键即可。

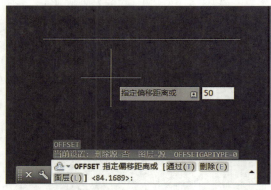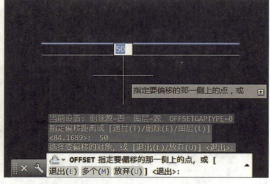

图 6-56　预设偏移距离　　　　　　　　　图 6-57　偏移对象

完成一次偏移后，光标重新变回拾取方框，可继续点选偏移其他直线，并在直线上方或者下方再次点击以确定偏移的方向。如图 6-58 所示，不论偏移的方向如何，始终保持直线间相互平行，同时其直线间距均等于预设偏移距离。在此状态下可以无限复制。

偏移过程中按【Ctrl】+【Z】键可取消最近一次的偏移结果，每按一次撤销一步。点击【Esc】、【Enter】或【Space】键可结束并退出偏移操作。

★**注意**：偏移距离设置后，直到下一次修改设置前，将一直默认使用该距离参数。如需改变，在下次激活"偏移"工具后，重新输入新的距离参数以替换。进入对象选择状态时无法更改距离参数。

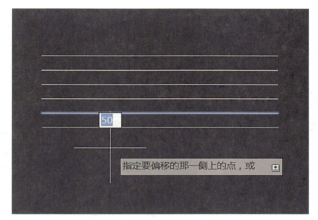

图 6-58　重复等距偏移

等距离偏移时，对不同的线段和图形产生的效果也不相同。如图 6-59 所示，除直线以外的其他线段和图形在等距偏移时均有不同的缩放变化。样条曲线在偏移至一定数量后部分结构会无法继续缩小而消失。几何图形也在向内偏移至一定数量后，因为无法满足等距的条件而不能继续偏移。

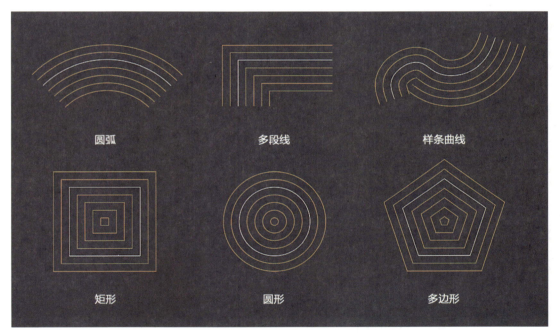

圆弧　　　　　　多段线　　　　　　样条曲线

矩形　　　　　　圆形　　　　　　多边形

图 6-59　白色为源对象，橙色为偏移对象

③"删除（E）"：激活"偏移"工具后，如选择命令行中的"删除（E）"选项，则如图 6-60 所示，会提示选择是否在偏移后删除源对象，一般选"否（N）"保留源对象。

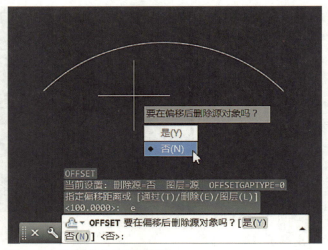

图 6-60　是否在偏移后删除源对象

第三节　修剪工具

修剪类工具包括"修剪""延伸""圆角"和"倒角"工具，可对已绘制的线段与图形进行特定的修剪，针对线段不同的相交或交角的情况可选择使用。

一、修剪（TRIM）

"修剪"工具可将线段或几何图形相交的部分从交点处剪断删除，是经常使用的修改工具，绘制图形时很多地方都需要用到。

（一）"修剪"工具的激活

激活"修剪"工具可以通过以下几种途径：

① 键盘输入"TR"或"TRIM"，按下【Enter】键确认。

② 通过"功能区" → "默认"选项卡 → "修改"功能面板 → 点击"修剪"按钮 ─/─── 激活。

（二）"修剪"工具的使用

使用"修剪"工具，在"激活"工具后首先选择修剪的"判断对象"，可选择将部分或全部的图形作为修剪的判断对象。其次作为判断对象的图形必须有相互的交点，或者与未选中的图形间有交点。

室内制图中需要大量绘制墙体，同时又需要在墙体上绘制出门和窗的结构。绘制中常产生相交的线段，一般都使用修剪工具来整理删除。打开"修剪－墙体"文件，如图 6-61a

为带门洞的平面墙体局部，而图6-61b则是还未绘制完成的墙体结构，平面门扇开启的方向定为室内。下面使用修剪等工具在图6-61b基础上绘制完成图6-61a。

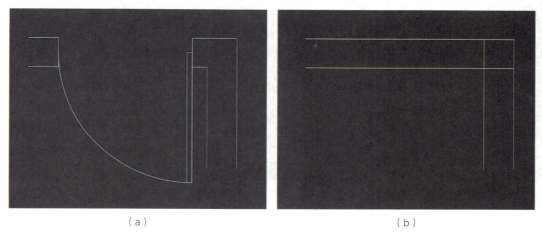

（a） （b）

图6-61 门与墙体结构的修剪

① 第一步如图6-62所示，激活"偏移"工具，设置偏移距离为"100"，选择竖向的内墙线向左偏移门洞一侧的边线；然后重新设置偏移距离为"900"，选择刚偏移出的线段向左侧偏移出门洞另一侧的边线（图6-63）。

图6-62 偏移门洞右侧边线 图6-63 偏移门洞左侧边线

② 如图6-64所示，第二步激活"修剪"工具，按照提示点选或框选判断对象（注意：按住【Shift】键后，点选或框选已选中的判断对象可取消其选择）。选择图中所示的两根内墙线，选择完毕后点击鼠标右键确定结束选择；如图6-65所示，被选中的判断对象会被标亮显示。当结束选择后会显示提示："选择需要修剪的对象，或按住【Shift】键选择要延伸的对象"（这个功能在后面学习延伸工具时详细讲解）。

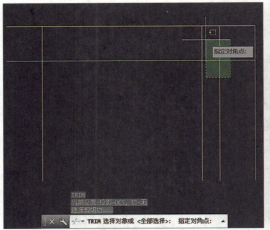
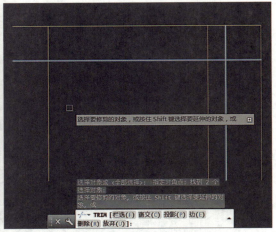

图 6-64　选择内墙线为判断对象　　　　　图 6-65　判断对象标亮显示

★ **注意：** "修剪"工具是通过线段相交并超出的交点来判断修剪位置的，但并不是所有的线段交点都符合条件。只有被选中的图形线段间相互的交点，以及这些线段与未选中的线段间的交点，才是有效的修剪点。框选或移动光标至需要修剪的线段上时，符合修剪条件的线段将会变为灰色。

③ 如图 6-66 所示，被选中的水平内墙线段，与两条门洞边线均有相交的修剪点（红色标示交点），当框选修剪点以下的门洞线段时，此部分线段显示为灰色，单击鼠标左键可确定修剪；然后如图 6-67 所示，以内墙线段相交的修剪点为界，依次移动光标至超出的短线线段上，当线段变为灰色时单击鼠标左键修剪超出的短线。完成修剪后退出修剪工具。

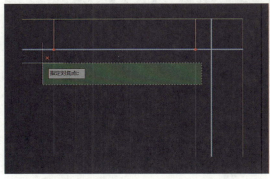
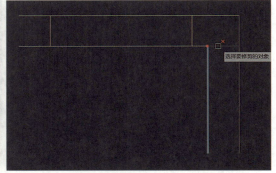

注：红色标示点仅为本书提示，实际操作中不会显示。
图 6-66　红色点标示为有效修剪点　　　　图 6-67　依次修剪超出的线段

④ 重新激活"修剪"工具，如图 6-68 所示，选中修剪后的左右门洞边线为判断对象并确定；如图 6-69 所示，按照提示框选门洞边线中间的墙体线段，可看到其显示为可修剪的灰色。这是因为新选择的左右门洞边线，与水平的墙线间产生了有效的修剪点。框选后确认无误，单击鼠标左键即可将中间墙体线段修剪。

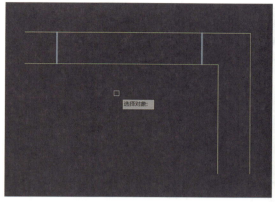 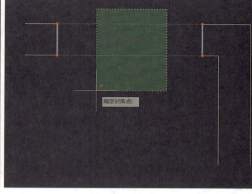

图 6-68　重新选择门洞边线为判断对象　　　　图 6-69　修剪中间的墙体线段

⑤ 在修剪好的门洞上绘制代表门扇的矩形，以及标示开门方向的轨迹线。如图 6-70 所示，激活"矩形"工具，拾取右侧门洞边线的中点为矩形第一点，向左下方拉出矩形；然后依次输入："-40"","""-900"，按下【Enter】键，确定平面门的尺寸。

⑥ 如图 6-71 所示，激活"圆形"工具，同样拾取右侧门洞边线的中点为圆心，拾取图中所示矩形端点确定圆的半径为 900 mm。

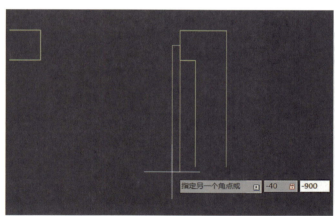 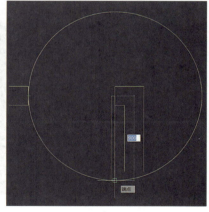

图 6-70　绘制门扇　　　　　　　　　　　　　图 6-71　绘制开门轨迹线

⑦ 激活"修剪"工具，如图 6-72 所示，选中左侧门洞边线和门矩形作为修剪判断对象并确定；然后移动光标至需要裁减的圆弧线段上，观察显示为灰色的修剪部分无误后，单击鼠标左键确定修剪。通过以上操作，完成带门洞的平面墙体局部的绘制。

以上操作内容是选择部分图形作为修剪的判断对象。也可在激活"修剪"工具时，选择全部的图形作为判断对象，以增加有效的修剪点。

① 如图 6-73 所示，在激活"修剪"工具后，当提示："选择对象或＜全部选择＞"时不选择任何判断对象，而单击鼠标右键或按下【Space】键确定，可将所有绘图区中的图形对象作为判断对象。

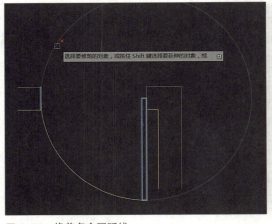

图 6-72　修剪多余圆弧线

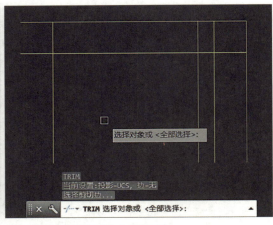

图 6-73　将所有图形作为判断对象

②如图 6-74 所示，图中并无标亮显示的判断对象，但所有线段相交的点已变为了有效修剪点。将光标移动至左侧门洞超出墙体的边线上时，边线与内墙线交点向下的部分显示为灰色，单击鼠标左键确定即可修剪掉这部分线段；也可如图 6-75 所示，使用框选的方式任意框定区域，凡是符合修剪条件的线段均会显示为灰色，单击鼠标左键确定即可批量修剪。

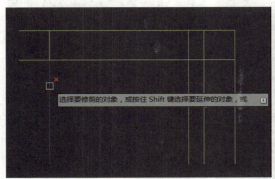

图 6-74　所有线段交点均为有效修剪点

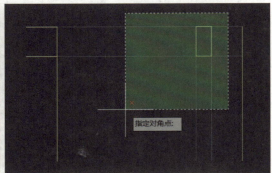

图 6-75　任意框选修剪线段

"选择对象"或"全部选择"两种修剪判断的方式各有优劣：

① 使用"选择对象"需要对结果有一定的预判，准确选择判断对象以得到有效修剪点。这种方式可直接得到结果，效率较高，但时常需要重新激活"修剪"工具，以选择当前适合的判断对象。

② 使用"全部选择"时无须预判，所有交点均为有效修剪点，可以边修剪边得到结果。但其缺点是可供判断的修剪点太多，有时需要分多次修剪，不能直接得到结果，还可能产生一些无法修剪的断线，需要单独删除，这样反而效率不高。

综上所述，可根据自己的习惯和绘图要求灵活选择修剪的方式。

二、延伸（EXTEND）

"延伸"工具可统一将符合条件的线段延伸至"目标边界"，绝大多数的图形对象都可以作为延伸的目标边界，如直线、多段线、矩形及圆弧、圆等曲线图形。

（一）"延伸"工具的激活

激活"延伸"工具可以通过以下两种途径：

① 键盘输入"EX"或"EXTEND"，按下【Enter】键确认。

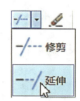

图 6-76 展开列表选择"延伸"工具

② 如图 6-76 所示，通过"功能区"→"默认"选项卡→"修改"功能面板 → 点击"修剪"图标 ─/─── 旁的下拉箭头按钮 → 在展开列表中点击"─---/ 延伸"即可激活"延伸"工具。

（二）"延伸"工具的使用

"延伸"工具激活后，首先需要选择作为目标边界的线段或图形，可选择绘图区中部分或全部的图形作为目标边界，然后再选择需要延伸的线段进行延伸。但只有当延伸对象延伸后，能与目标边界相交的前提下才能顺利延伸。

如图 6-77 所示，打开文件"延伸 – 线段"，文件包含两组图形。

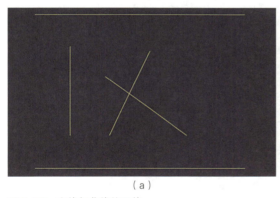
（a）

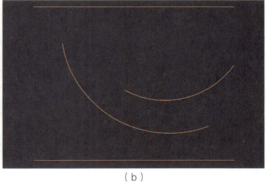
（b）

图 6-77　直线与曲线的延伸

① 目标边界：如图 6-78 所示，首先"激活"修剪工具，再根据提示点选或框选边界对象。点选最上方直线为目标边界，单击鼠标右键结束选择。

② 延伸方向：选定目标边界后，可通过光标在延伸线段上的不同位置决定线段延长的方向。如图 6-79 所示，当光标移至左侧垂直的直线中点上部时，可预览该线段向上延长至选中的目标边界的效果，此时单击鼠标左键即可确定延伸该线段；如图 6-80 所示，当光标移至垂

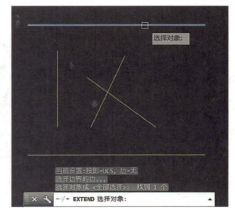

图 6-78　选择目标边界

直线段中点下部时线段并无变化，这是因为线段下方水平直线并未被选为目标边界，所以缺少对齐的目标而无法延伸。

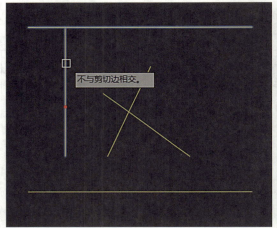

图 6-79　图中标示红点为线段中点

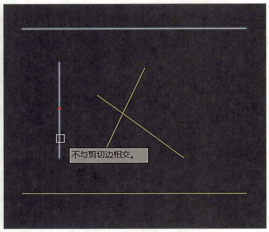

图 6-80　无目标边界线段不延伸

"延伸"工具的目标边界可以同时选择多个，视情况以产生不同的延伸对齐方向。如图 6-81 所示，重新激活"延伸"工具，依次选择上下水平直线同时作为目标边界，然后单击鼠标右键结束选择。

如图 6-82 和图 6-83 所示，从右至左依次框选延伸线段中点偏下的部位。由于下方的水平直线为新的目标边界，因而被框选的线段会向下延伸，对齐至边界。此时单击鼠标左键即可确定延伸结果。

图 6-81　重新激活"延伸"工具

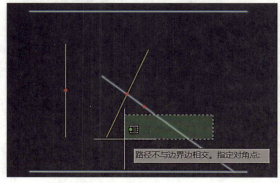

图 6-82　框选线段中点以下延伸

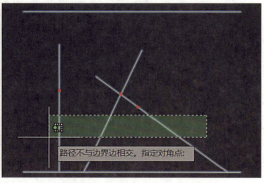

图 6-83　框选多线段延伸

同样，如图 6-84 所示，从左至右依次框选图中延伸线段的中点偏上的部分，可看到框选的部分线段显示出向上延伸并对齐边界的效果，但是最右侧的线段并没有显示出延伸的效果。该线段之所以没有延伸，是因为只有当延伸对象延伸后，能与目标边界相交的情况下才能够顺利延伸。如图 6-85 所示，激活"任意绘图"工具，对该线段左上方向的端点进行捕捉，并向左上方向引出延伸线。该延伸虚线并未与作为目标边界的水平直线有任何交点，所以该线段无法满足延伸对齐上方边界的条件。

★ 注意：如果在选择目标边界时不做选择，而是直接单击鼠标右键或按下【Space】键确定，则视为选择所有满足条件的图形作为目标边界。

如图 6-86 所示，当选择所有图形作为目标边界，再框选图中需延伸线段时，三根线段同时延伸，而之前未能延伸的最右侧直线则延伸对齐至左侧垂直直线上，因为这是最近的有效目标边界。

③ 曲线的延伸：除了直线以外，对圆弧、椭圆弧等曲线也可使用"延伸"工具。如图 6-87 所示，激活"延伸"工具，选择上方水平直线为目标边界，单击鼠标右键确定；如图 6-88 所示，框选图中圆弧线中点偏左侧的部分，可看到两圆弧线沿着自身的曲线

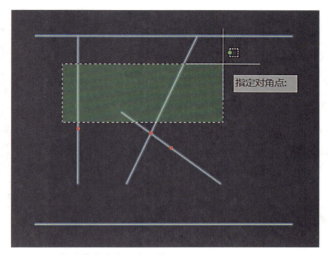

图 6-84　框选线段中点以上延伸

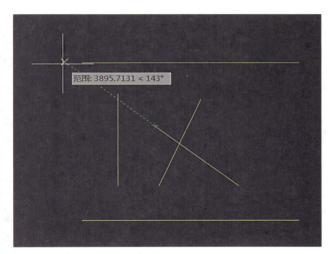

图 6-85　线段延伸线与目标边界无交点

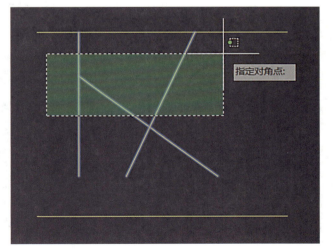

图 6-86　所有图形均为目标边界

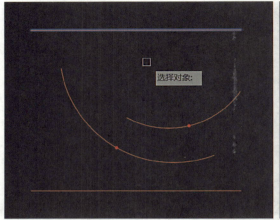

图 6-87　图中标示红点为圆弧线段中点

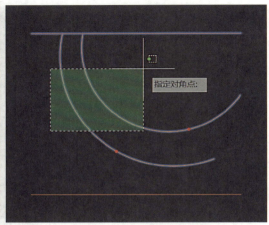

图 6-88　框选延伸圆弧线

轨迹向左侧延伸对齐至直线边界。

　　如图 6-89 所示，当从右向左框选延伸线段时，图中选区范围覆盖了下方圆弧中点偏右侧的部分线段，所以产生了向右侧延伸的圆弧；而相同的选区范围，除了覆盖了上方圆弧线中点偏右侧的线段，还超过了线段中点至左侧部分线段，所以圆弧产生向左侧延伸的弧线。实际操作中根据选区的框选位置会产生很多变化，主要根据与线段中点相对的位置来判断。

　　如图 6-90 所示，选择下方直线为目标边界。由于圆弧两端的延伸线与所

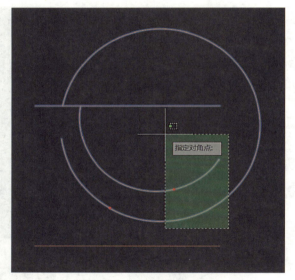

图 6-89　框选圆弧线不同区域延伸结果不同

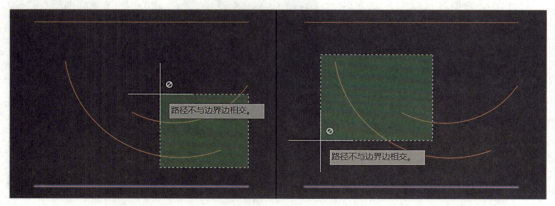

图 6-90　当无法产生有效延伸线时，光标旁会出现相应的提示内容与标记

选目标边界均无延伸交点，因而圆弧两端无法产生有效的延伸结果。

（三）平面修改应用

如图 6-91 所示，打开"延伸 – 平面"文件，对该图局部墙体和两个门洞位置进行移动修改，并使用"延伸"工具整理修改后的墙体结构。

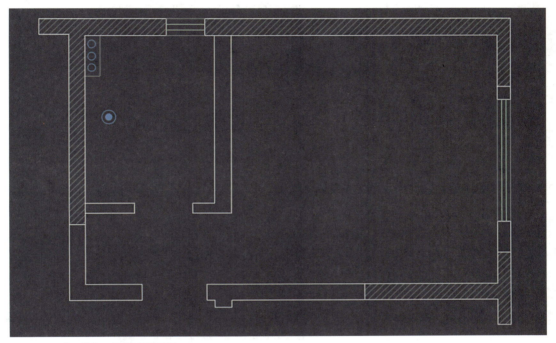

图 6-91 "延伸"工具修改平面图

① 修改墙体。第一步，如图 6-92 所示，激活"移动"工具，框选图中竖向墙体线并确定；将选中的墙线锁定右侧水平轨迹，输入"300"，按下【Enter】键确定移动距离，完成水平移动（图 6-93）。

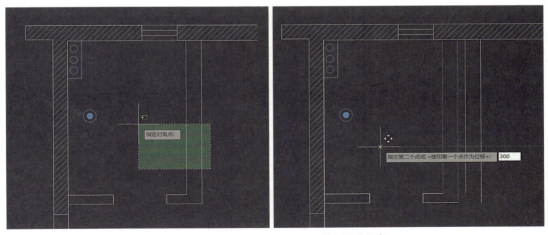

图 6-92 水平移动中间墙线   图 6-93 输入平移距离

第二步，如图 6-94 所示，激活"延伸"工具后选择上一步移动的竖向墙线作为目标边界。

框选门洞右侧墙线中点靠右侧的部分，使其能分别延伸对齐至目标边界墙线，延伸显示无误后确定，完成墙体的延伸修改（图 6-95）。

② 修改外墙门洞。

第一步，如图 6-96 所示，激活"移动"工具，并反向框选门洞左右边线；然后将选中的线段平行向左侧移动，输入"660"，按下【Enter】键确定移动距离完成平移（图 6-97）。

第二步，如图 6-98 所示，激活"延伸"工具，并选择已移动的门洞边线为目标边界；然后同时框选右侧断开的墙体线的左端，使其能够延伸并对齐至右侧门洞边线，确认显示无误后单击鼠标左键确定，完成右侧墙体线的延伸修补（图 6-99）。

完成右侧墙体线延伸后，如不取消还可以继续延伸其他线段。

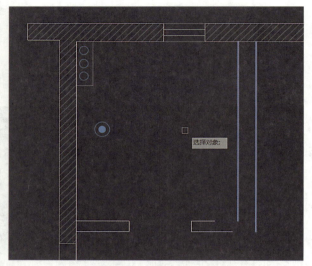

图 6-94　选择目标边界

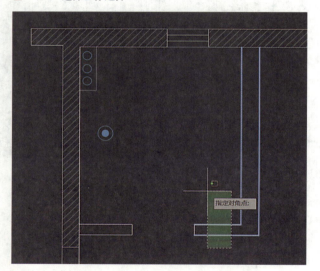

图 6-95　延伸墙线

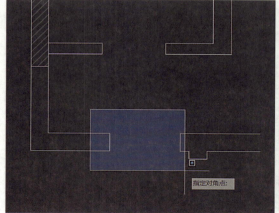

图 6-96　移动门洞边线

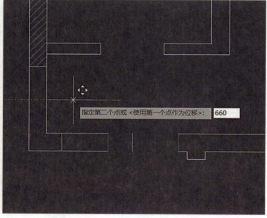

图 6-97　输入平移距离

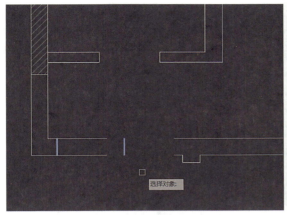
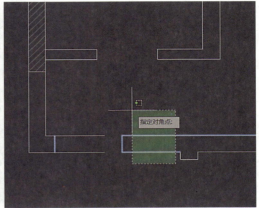

图 6-98　选择门洞边线为目标边界　　　　图 6-99　延伸右侧墙线

　　第三步，如图 6-100 所示，根据光标旁的提示按住【Shift】键，移动光标至超出左侧门洞边线的墙线上，这时可以看到光标显示为修剪标记，超出的墙线变为灰色，表示该线段可以修剪；也可通过框选选中上下两条需要修剪的墙线，确认无误后单击鼠标左键修剪（注意：修剪过程中不能松开【Shift】键），最后退出结束延伸编辑，完成门洞的修改（图 6-101）。

　　★注意："修剪"工具也可在选定判断对象后，根据光标旁的提示按住【Shift】键切换为延伸功能，选中的判断对象将变为目标边界，松开【Shift】键后则恢复修剪功能。

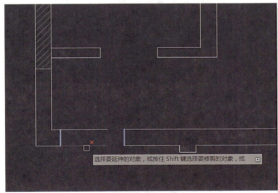
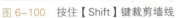
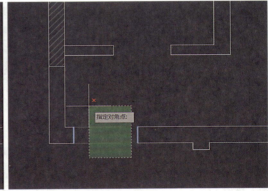

图 6-100　按住【Shift】键裁剪墙线　　　　图 6-101　框选同时裁剪多线段

　　接下来使用修剪工具对"延伸 – 平面"文件进行门洞位置的修改。

　　③修改内墙门洞。第一步，如图 6-102 所示，在之前文件修改的基础上，首先激活"移动"工具，然后选中图中的门洞边线；将选中的边线向右侧平行移动，输入数值"480"，按下【Enter】键确定移动距离，完成门洞的平移（图 6-103）。

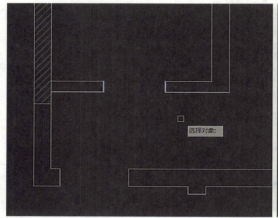

图 6-102　选择门洞边线

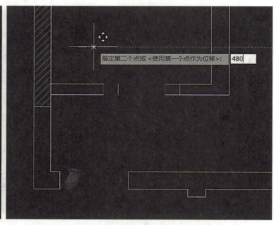

图 6-103　向右平移门洞边线

第二步，如图 6-104 所示，激活"修剪"工具，选择平移后的门洞边线为判断对象并确定。

第三步，如图 6-105 所示，框选或分别点选超出右侧门洞边线的墙线进行修剪；然后如图 6-106 所示，按照光标旁的提示，按住【Shift】键切换为延伸功能，框选左侧水平墙线，使其能够对齐延伸至选中的左侧门洞线段上，确认无误后单击鼠标左键确定延伸；最后退出修剪工具完成此次编辑。

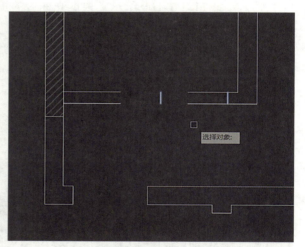

图 6-104　选择修剪判断对象

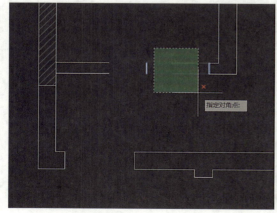

图 6-105　修剪超出墙线

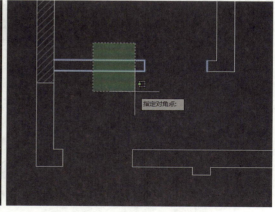

图 6-106　配合【Shift】键延伸左侧墙线

分别通过"延伸"和"修剪"工具的编辑，完成对文件图形部分墙线和门洞边线结构的修改，最后完成的平面图如图 6-107 所示。

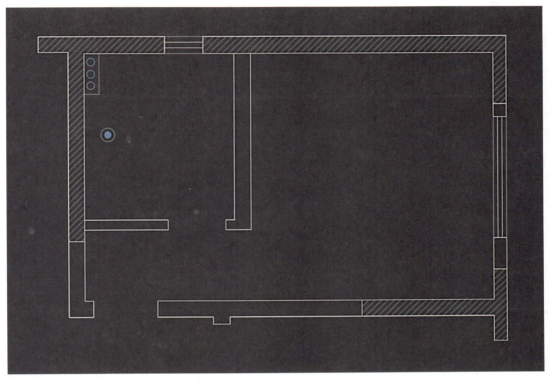

图 6-107　修改完成平面图

三、圆角（FILLET）

"圆角"工具可以在形成任意夹角的线段间，连接预设半径的正圆弧；同时还可实现线段的自动修剪与延伸，形成连贯平顺的连续线段。

（一）"圆角"工具的激活

激活"圆角"工具可以通过以下两种途径：

① 键盘输入"F"或"FILLET"，按下【Enter】键确认。

② 通过"功能区"→"默认"选项卡 →"修改"功能面板 → 点击"圆角"按钮激活。

（二）"圆角"工具的使用

制图中常要对直线段间的夹角进行圆角修剪。在激活"圆角"工具后，可通过其命令行提供的选项进行相应设置，主要选项有半径（R）、修剪（T）和多个（M）。

① 半径（R）：激活"圆角"工具后光标变为选择方框，提示可以选择构成夹角的

第一根线段。但首先在选择线段前，需要检查圆角半径的设置。如图 6–108 所示，红线所示位置是当前的圆角半径数值，默认为"0.000"，修改后的半径数值也会显示在这里。激活"圆角"工具后输入快捷键"r"，按下【Enter】键确定，进入圆角半径的修改；也可直接点击命令行中"半径（R）"选项激活修改。

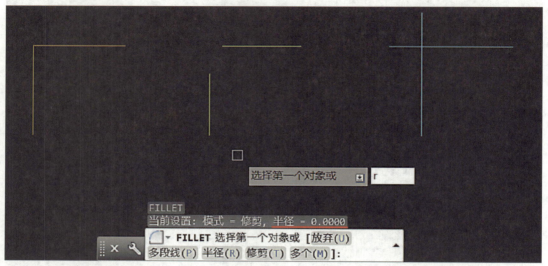

图 6–108　激活"圆角"工具

　　然后如图 6–109 所示，根据提示输入新的指定半径数值"100"，按下【Enter】键确定，即可完成半径的修改。如图 6–110 所示，红线所示位置显示出新修改后的半径数值为 100，而光标也变回选择方框。接下来只要依次选择构成夹角的线段就可以完成圆角修剪了。图 6–110 显示了相交、分离和相交并超出三种线段夹角均为直角。

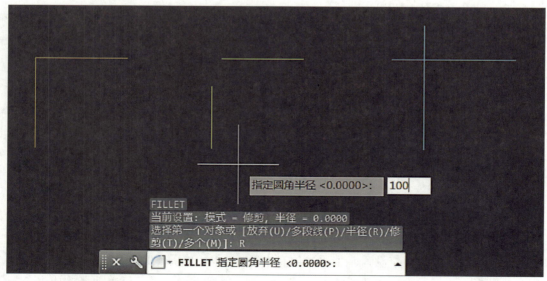

图 6–109　修改圆角半径

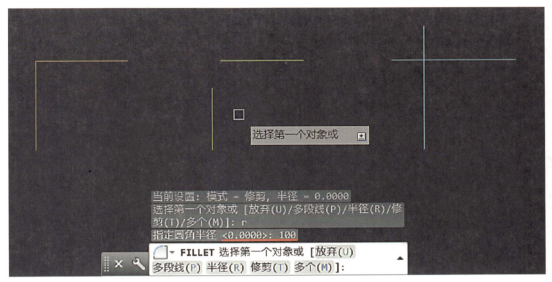

图 6-110　完成圆角半径设置

下面将使用设置的半径，对这三种线段夹角进行圆角的修改。

如图 6-111 所示，以直角相交线段为例，根据提示首先选择构成直角的竖向直线；如图 6-112 所示，接着将光标移至构成直角的水平直线上，此时不需点击就可以观察到圆角修剪的预览效果，其显示的圆角大小与当前设置的圆角半径一致。线段夹角转换为圆角后多出的线段显示为灰色，将在确定后被修剪去除。若移开光标，则预览效果会消失。移动光标至第二根水平直线，单击鼠标左键即可确定进行圆角的修剪，得到图 6-113 所示结果。

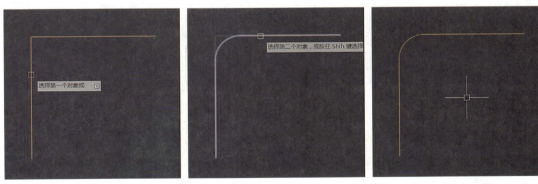

图 6-111　激活工具拾取垂直线段　　　图 6-112　拾取夹角水平线段　　　图 6-113　完成圆角修剪

★注意：选择构成夹角的线段时，其选择先后顺序并不会对圆角修剪结果有任何的影响。

如图 6-114 所示，图中构成直角的线段相互分离不相交。激活"圆角"工具后先选择水平直线，然后将光标移至垂直直线段上，由于水平直线超出了曲线，因而超出部分灰色显示，表示将被修剪。而垂直的直线与圆角弧线间长度不够的部分则会自动延伸（图 6-115）。当点击第二根直线确定后，可得到图 6-116 所示结果。

图 6-114　激活工具拾取水平线段

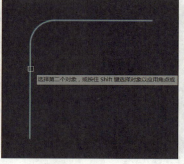
图 6-115　拾取夹角垂直线段

图 6-116　完成圆角修剪

图 6-117 中构成直角的线段不仅相交且均超出了交点，这种情况下需要注意点选线段时光标与交点的位置。首先移动光标至水平直线交点偏右的线段上选择确定；然后将光标先移至垂直直线交点以下的线段上（注意：不要单击鼠标左键确定），注意观察预览的圆角修剪效果（图 6-118）；最后移动光标至垂直直线交点以上位置，可得到图 6-119 所示的预览结果。

图 6-117　激活工具拾取水平线段

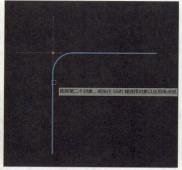
图 6-118　拾取交点以下垂直线段

图 6-119　拾取交点以上垂直线段

比较前后两个预览图可发现，选择垂直直线交点上、下不同的位置所得到的圆角方向会不同。如果再加上水平直线交点左右两侧的选择，则可出现最多四种不同的结果。因此在实际应用时应根据需要，准确把握选择线段与交点的位置。

②修剪（T）：激活"圆角"工具后，如图 6-120 所示，可根据命令行的提示选择"修剪（T）"选项，选择是否对圆角线段自动修剪。可以在"修剪"和"不修剪"之间做切换。默认为"修剪"模式。

如图 6-121 所示，选择"修剪（T）"选项后，会出现"修剪"和"不修剪"两个选项，更改选择为"不修剪"选项。

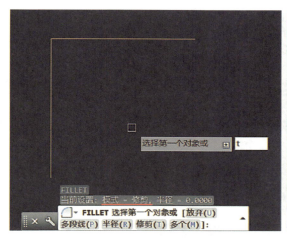

图 6-120　红色横线位置显示的模式为"修剪"　　　　　图 6-121　更改选择"不修剪"选项

　　将模式修改为"不修剪"后，设置好圆角的角度，如图 6-122 所示，分别选择相交与分离的直角线段进行预览。这时的圆角修剪预览并未将多余的线段灰色显示，直线与圆弧间长度不够的部分也未自动延伸。这就是选择"不修剪"选项的效果，所有的线段维持原状不做任何修剪与延伸。一般采用默认的"修剪"选项。

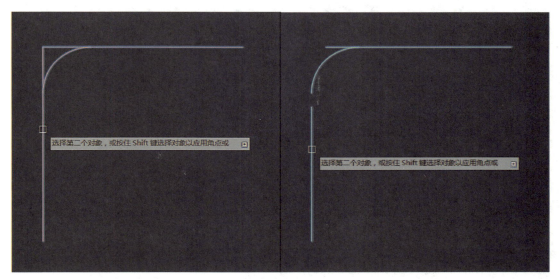

图 6-122　圆角模式修改为"不修剪"

　　★注意：圆角工具中的"模式"及"半径"数值在首次激活时保持默认状态：模式 = 修剪、半径 =0.000；在修改以上两个选项之后，直到下一次重新选择模式或修改半径数值前，每次激活使用圆角工具，其模式和半径数值将保持与上一次设置相同。

③ 多个（M）："圆角"工具所提供的命令行中还提供了一个较为有用的选项：多个（M）。在没有选择该选项进行圆角的修剪时，每次只能完成一个夹角的修剪，必须重新激活工具才可进行下一次圆角修剪。如果需要连续对多个符合条件的夹角进行圆角修剪，就可以预先选择"多个（M）"选项，选择后可连续修剪多个夹角线段，直至主动结束退出编辑。

④ 圆角应用："圆角"工具除了可修剪直线构成的直角，对于直线构成的锐角、钝角甚至相互平行的直线也可以进行圆角的修剪。图 6–123 至图 6–125 所示为不同角度类型的夹角圆角修剪前后的对比。

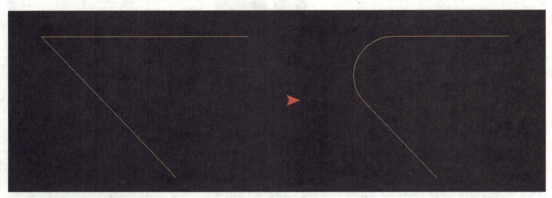

图 6–123　"圆角"修剪直线构成的锐角

图 6–124　"圆角"修剪直线构成的钝角

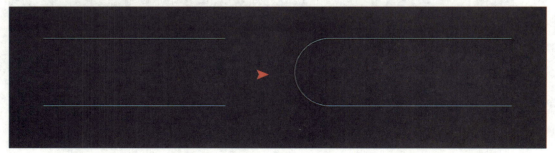

图 6–125　"圆角"修剪平行的直线

　　另外，曲线与直线之间、曲线与曲线之间构成的夹角，也可以进行圆角的修剪应用。图 6-126 和图 6-127 所示为不同线段间应用圆角修剪的前后对比。

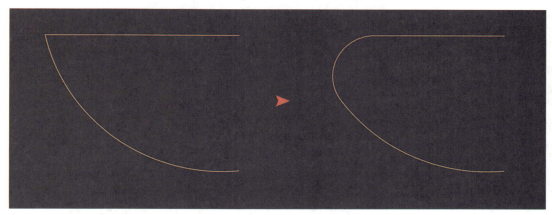

图 6-126　直线与曲线夹角的圆角修剪

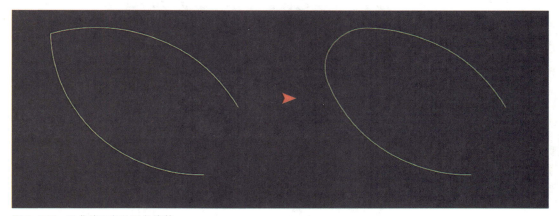

图 6-127　双曲线夹角的圆角修剪

（三）圆角的实际应用

　　"圆角"工具对夹角线段的修剪，在实际绘图中还可实现一些其他功能。例如，利用其修剪的功能实现线段的延伸与修剪是一种常用的操作。

　　第一步，如图 6-128 所示，打开"延伸 – 平面"文件；选中最下方的门洞边线，然后激活"移动"工具向左侧水平移动，输入移

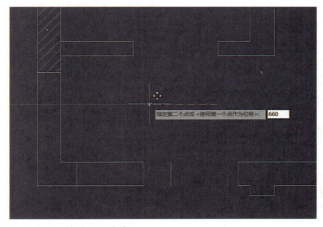

图 6-128　移动门洞边线

动距离"660"，按下
【Enter】键确定平移。

第二步，如图
6-129 所示，激活"圆
角"工具，检查修改
设置，使当前模式 =
修剪、半径 =0.000；
然后选择构成直角的
墙线作为第一对象。

图 6-129　设置模式与半径

第三步，如图
6-130 所示，将光标
移至右侧门洞边线上
作为第二对象，通过
预览可以看到，墙线
自动延伸与门洞边线
相交。这是"圆角"
工具的自动修剪功能
发挥了作用。因为圆
角半径值为 0，所以
所选夹角线段不会产
生圆弧，但仍然会进
行线段的延伸或修剪。
因此制图中也常用该
方法替代"修剪"工具，
进行线段转角的延伸
与修剪。

图 6-130　选择夹角第二条边

如图 6-131 所示，
采用相同的设置分别
选择左侧的墙线和门

图 6-131　修剪左侧墙线

洞边线作为对象，预览显示超出两线交点的墙线显示为灰色，这也是"圆角"工具的修
剪功能发挥了作用。

★注意：如图 6-132 所示，当使用"圆角"工具选择对象时发现半径值不等于 0，
在不修改半径值的前提下，如不想产生多余的圆角，可根据提示按住【Shift】键再去选
择第二对象线段，可得到半径值为 0 的无圆角效果，但松开【Shift】键则恢复默认半径
值修改的效果（图 6-133）。

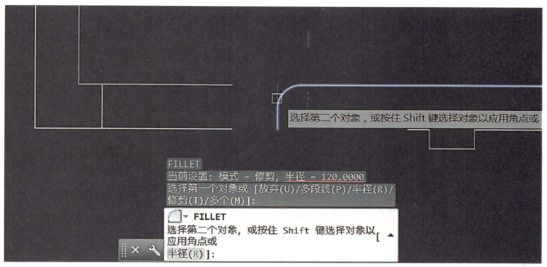

图 6-132　半径 =120 mm，选择第二对象线段产生圆角

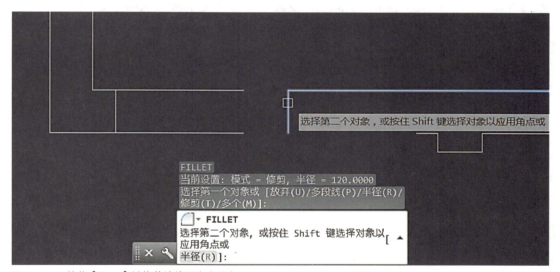

图 6-133　按住【Shift】键修剪墙线不产生圆角

　　预先选择命令行中的"多个（M）"选项，这样激活一次"圆角"工具可连续完成门洞四个夹角的修剪或延伸。图 6-134 所示为通过"圆角"工具最后完成门洞夹角修剪的效果。

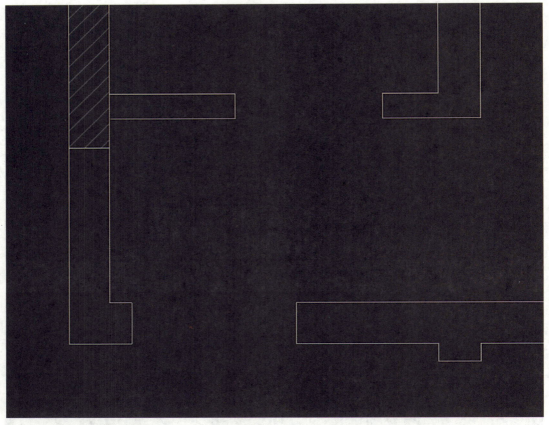

图 6-134　修改完成的平面图

四、倒角（CHAMFER）

"倒角"工具不仅可对直线构成的夹角进行切角修改，也可对多段线对象上直线构成的夹角进行切角修改，例如，矩形、多边形图形中的夹角，以及由多段线直线绘制的夹角。倒角修改时也能够如圆角修改一样，自动进行线段的修剪和延伸。

（一）"倒角"工具的激活

激活"倒角"工具可以通过以下两种途径：

① 键盘输入"CHA"或"CHAMFER"，按下【Enter】键确认。

② 如图 6-135 所示，通过"功能区"→"默认"选项卡→"修改"功能面板 →点击"圆角"按钮图标旁的黑色下拉箭头按钮→"倒角"工具激活。

（二）倒角的使用

在激活"倒角"工具后，命令行中会提供多种设置选项。常

图 6-135　选择"倒角"工具

用设置包括距离（D）、角度（A）、修剪（T）和多个（M）。其中，可通过"距离（D）"和"角度（A）"两种方式设置倒角的修改模式。

① 距离（D）：距离选项是倒角工具默认的倒角设置方式，如图 6-136 所示，通过分别设置构成切角的倒角距离确定倒角斜切线段的长度。其中，1 和 2 分别为选中的夹角线段，灰色显示的线段为倒角距离，而斜线为倒角斜切线段。运用的是三角形边长间的几何关系。

第一步，激活"倒角"工具，如图 6-137 所示，选择命令行"距离（D）"选项，设置倒角距离 1 和距离 2 的长度。默认倒角的距离值均为 0。

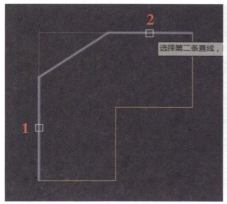

图 6-136　设置构成切角的倒角距离

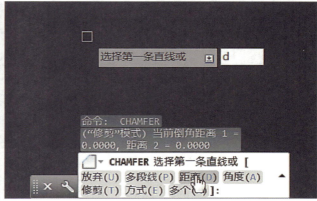

图 6-137　选择"距离（D）"选项

第二步，如图 6-138 所示，根据提示输入第一个倒角的距离，输入"300"，按下【Enter】键确定；紧接着输入第二个倒角的距离，输入"450"，按下【Enter】键确定完成设置（图 6-139）。

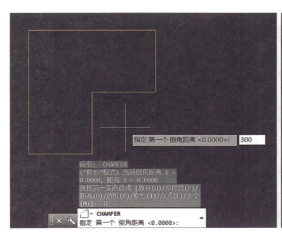

图 6-138　设置第一个倒角距离

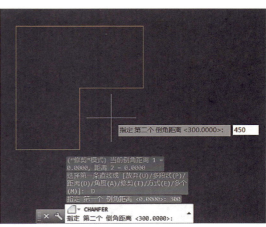

图 6-139　设置第二个倒角距离

第三步，依次选择构成夹角的边线以应用设置的倒角距离。如图 6–140 所示，首先点选图形左侧垂直的线段，再移动光标至图形上方水平的线段上，这时可以看到两线段夹角倒角的预览效果（图 6–141）。因倒角而将被修剪的线段以灰色显示，其中左侧垂直的灰色线段长度为 300 mm，是第一个倒角距离设置的数值，而上方水平的灰色线段长度为 450 mm，是第二个倒角距离设置的数值。

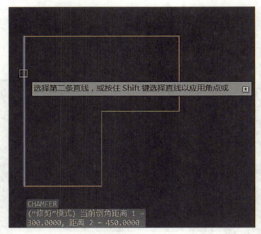

图 6–140 选择构成夹角的垂直边线

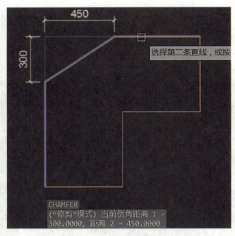

图 6–141 再选择夹角水平边线

★注意：当设置的第一和第二倒角距离数值不等时，先选择的直线将应用第一倒角距离的设置数值，而后选择的直线则应用第二倒角距离的设置数值。

如确定无误可在水平线段上单击鼠标左键确定应用倒角结果，最后得到的结果如图 6–142 所示。

② 角度（A）：角度选项是通过一条直线倒角距离和紧邻该直线的倒角来确定倒角斜切线段的长度。运用的是三角形边长与角度的几何关系。

第一步，激活"倒角"工具后，如图 6–143 所示，选择命令行"角度（A）"选项。

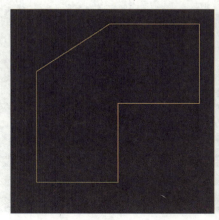

图 6–142 倒角结果

图 6–143 选择"角度（A）"选项

　　第二步，如图6-144所示，按照提示输入第一条直线的倒角距离"250"，按下【Enter】键确定；接着输入第一条直线的倒角角度"60°"，按下【Enter】键确定完成设置（图6-145）。

　　第三步，如图6-146所示，移动光标选择图中垂直的直线作为第一条直线；然后选择相邻的水平直线作为第二条直线（图6-147），确定完成倒角修改。

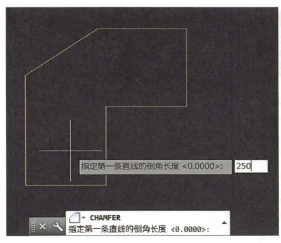

图6-144　设置第一条直线倒角长度

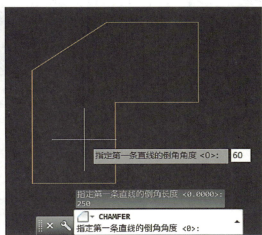

图6-145　设置倒角角度

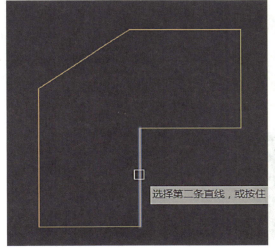

图6-146　选择夹角第一条直线

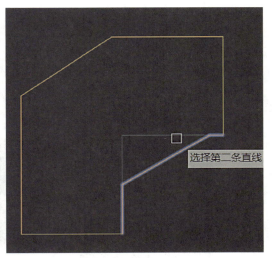

图6-147　选择夹角第二条直线

　　最后的结果如图6-148a所示，图中倒角形成的三角形垂直边长为250 mm，而该边长与倒角斜切线段构成的角度为60°。如果在操作的第三步时，先选择水平的直线作为第一条直线，结果如图6-148b所示，倒角三角形的水平边长为250 mm，该边长与倒角斜切线段构成的角度为60°。

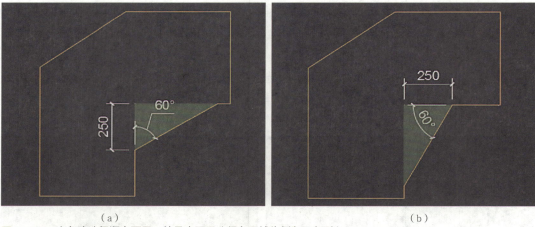

图 6-148　夹角边选择顺序不同，结果也不同（绿色区域为倒角三角形）

③ 修剪（T）："修剪（T）"选项可在倒角的过程中对线段多余的部分进行修剪，而不够的部分自动对齐延伸。如图 6-149 所示，可选择"修剪"和"不修剪"两种模式，默认选择"修剪"模式。

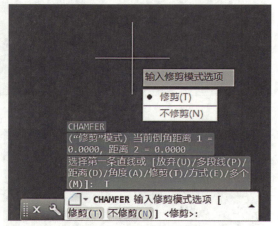

图 6-149　设置"修剪"模式

④ 多个（M）：选择"多个（M）"选项后可连续选择夹角线段进行倒角，直至主动结束退出命令。"多个（CM）"选项适合同时修改多个条件一致的夹角。

★注意：如图 6-150 所示，在使用"倒角"工具选择第二条直线时，在光

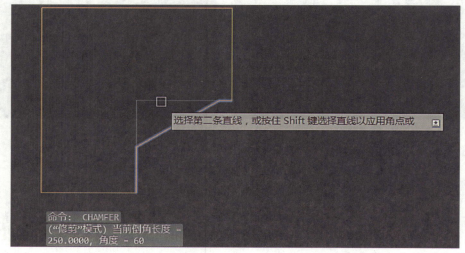

图 6-150　不使用【Shift】键

标旁会显示提示："选择第二条直线，或按住【Shift】键选择直线以应用角点或"。如果在选择第二条直线时同时按住【Shift】键，可忽视线段距离或角度的参数设置，统一以默认参数"0"来倒角；而松开【Shift】键时则恢复距离和角度的参数值。如图 6-151 所示，按住【Shift】键时将不会出现任何倒角效果，此功能可和"圆角"工具一样用于夹角线段的修剪与延伸。

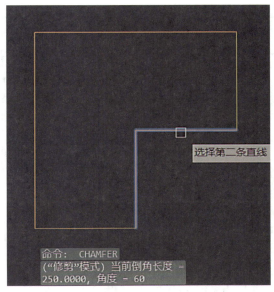

图 6-151　按住【Shift】键

第四节　其他修改项

一、打断（BREAK）

"打断"工具可将目标线段上选中的起点和结束点之间的线段修剪，使目标线段变成两段。"打断"工具可修改的对象包括直线、曲线和多段线等，以及矩形、多边形和圆形等封闭图形。

（一）"打断"工具的激活

激活"打断"工具可以通过以下两种途径：

① 键盘输入"BR"或"BREAK"，按下【Enter】键确认。

② 如图 6-152 所示，通过"功能区"→点击"默认"选项卡 →展开"修改"功能面板 →点击"打断"按钮□激活。

图 6-152　功能面板选择激活"打断"工具

（二）"打断"工具的使用

① 起点与结束点选择：激活"打断"工具后，如图 6-153 所示，根据提示首先点选线段对象。注意选择线段时，光标在线段上选择所确定的点位置，将默认作为打断的起点。然后向右侧移动光标，如图 6-154 所示，这时可看到从起点开始显示为灰色的线段是将被修剪的部分，随着光标的移动可改变灰色修剪线段的长短。再次点击鼠标左键选择结束点，以最终确定灰色修剪部分的长度。

曲线段也可以应用"打断"工具，如图 6-155 所示，激活"打断"工具后在曲线段上选择任意点作为修剪起点；然后移动光标，在曲线段另一端选择结束点，如图 6-156 所示，确定修剪部分的长度。

图 6-153　选择线段，确定打断起点

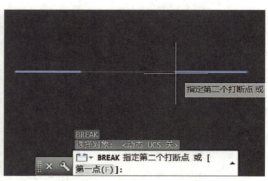

图 6-154　确定打断结束点

图 6-155　选择曲线确定打断起点

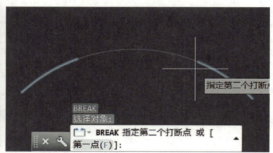

图 6-156　确定打断结束点

最后打断的结果如图 6-157 所示，左侧为直线段，右侧为曲线段。

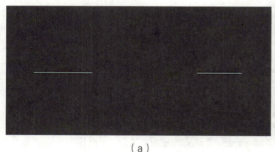

（a）

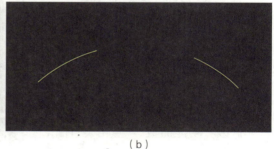

（b）

图 6-157　直线与曲线应用打断的结果

② 打断的应用：选择起点和结束点时一般配合点对象的捕捉来准确定位。如图 6-158 所示，需要将图中门洞边线中间的多余墙线修剪以形成门洞。

第一步，激活"打断"工具，选择直线上的任意点

图 6-158　激活"打断"工具，选择 [第一点 (F)] 选项

为默认起点，然后选择命令行中提供的选项：[第一点（F）]，或输入"F"，按下【Enter】键确定选择。该选项可以对选中的线段重新定义起点，这样可以准确选择线段的交点作为修剪的起点。

第二步，如图 6-159 所示，捕捉目标墙线与门框边线的交点为新起点，选择另一个交点为结束点并完成线段的修剪（图 6-160）。

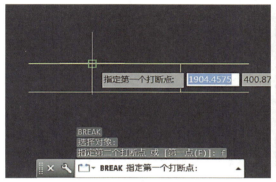

图 6-159　重新选择打断起点

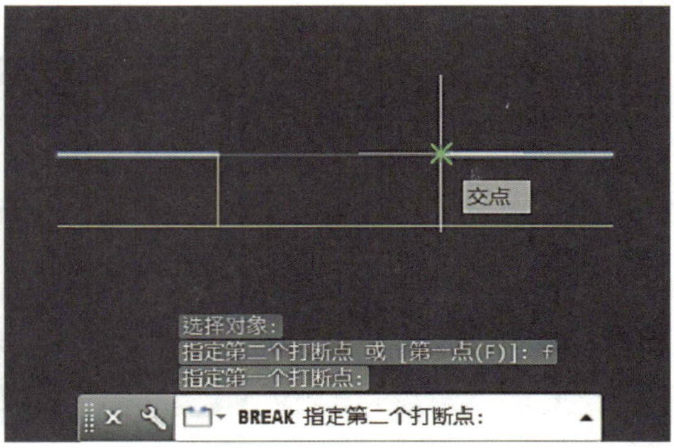

图 6-160　确定打断结束点

如图 6-161 所示，使用"打断"工具按照相同的过程，完成对另一段墙线的修剪（图 6-162）。

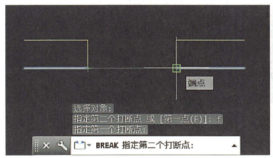

图 6-161　打断另一根墙线

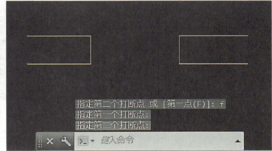

图 6-162　完成门洞修改

二、打断于点（BREAK）

"打断于点"工具与"打断"工具英文名称相同。可将目标线段在选中的点位上打断，使目标线段变成两段（中间不留空）。"打断于点"工具可修改的对象包括所有的直线、曲线及部分封闭图形对象。

（一）"打断于点"工具的激活

如图 6-163 所示，激活"打断于点"工具只能

图 6-163　点选功能面板按钮激活工具

通过"功能区"→点击"默认"选项卡→展开"修改"功能面板→点击"打断于点"按钮▢▢完成。

（二）"打断于点"工具的使用

① 图标点选：直接点选工具图标激活"打断于点"工具。如图 6-164 所示，首先选择需要打断的目标线段，然后如图 6-165 所示，在线段上指定打断点的位置，可配合对象捕捉来确定，单击鼠标左键确定后即可完成打断。

图 6-164　激活"打断于点"工具并选择线段　　　　图 6-165　选择打断点

完成后的结果如图 6-166 所示，线段从打断点位置分为两段。

② 间接使用：由于"打断于点"工具目前版本无默认快捷键对应，因而使用时可先借助"打断"工具快捷键【BR】激活。第一步，按照提示先选择目标矩形，如图 6-167所示，然后选择"[第一点（F）]"选项重新定义打断点（图 6-168）。

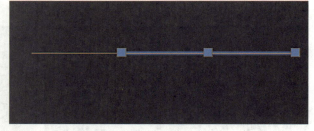

图 6-166　线段从打断点分为两段

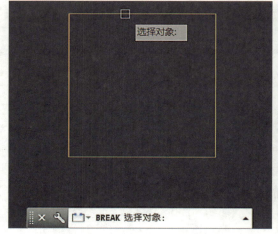

图 6-167　激活"打断"工具，选择打断图形　　　　图 6-168　重新选择打断点

第二步，如图 6-169 所示，按照提示配合对象捕捉，重新选择矩形右侧线段中点为第一个打断点，然后输入符号"@"，按下【Enter】键确定，或者重复捕捉同一点为结束点，即可得到使用"打断于点"工具的修改结果（图 6-170）。

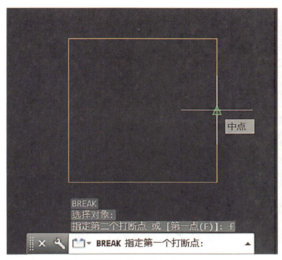

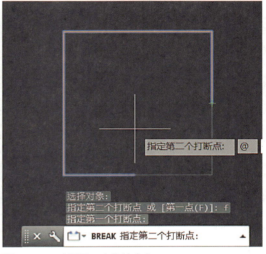

图 6-169　选择边线中点为打断起点　　　　图 6-170　选择同一点为结束点

最后完成的效果如图 6-171 所示，线段从矩形多段线默认起点开始至打断点结束，矩形被断开为两部分。

★注意 1："打断于点"工具不能对完整的圆形、椭圆形进行打断修改。

★注意 2：点击图标激活并完成一次"打断于点"工具后，再按【Space】键激活最近一次命令时只会激活"打断"工具而非"打断于点"工具。

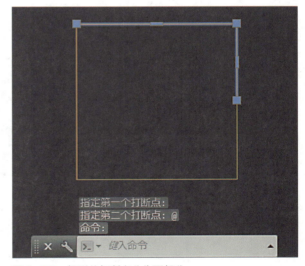

图 6-171　矩形从打断点分为两部分

三、合并（JOIN）

"合并"工具可将直线、曲线、多段线等线段在一定条件下合并为单一线性图形。

（一）"合并"工具的激活

激活"合并"工具可以通过以下两种途径：

① 键盘输入"J"或"JOIN"，按下【Enter】键确认。

② 如图 6–172 所示，通过"功能区"→点击"默认"选项卡 →展开"修改"功能面板 → 点击"合并"按钮 ⊷ 激活。

图 6–172　点选功能面板按钮激活"合并"工具

（二）"合并"工具的应用

① 合并直线：需合并的两段直线可端点重叠，线段间也可留空隙，但两线必须在同一水平线上（图 6–173）。

如图 6–174 所示，激活"合并"工具，按照提示框选上方端点相重叠的两条直线，选中后单击鼠标右键确定即可完成合并。结果如图 6–175 所示，两条直线的颜色变为一色，表明分离的直线已合并为一条直线。

如图 6–176 所示，激活"合并"工具并分别框选下方分离的两条直线，选中并单击鼠标右键确定后可得到图 6–177 所示结果，两条直线自动延长并合为一条直线。

图 6–173　合并直线

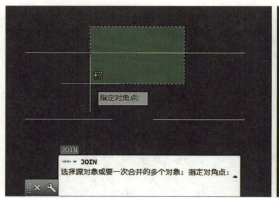

图 6–174　框选上方目标直线

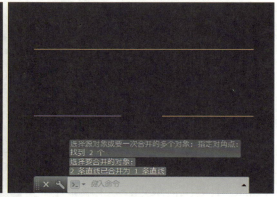

图 6–175　合并后的直线

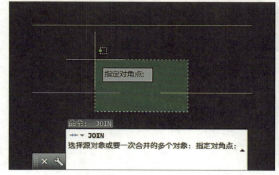

图 6–176　框选下方目标直线

图 6–177　合并后的直线

如图 6-178 所示，合并前的直线可以相互形成任意的角度，但必须端点重叠，不可留有间隔距离，否则会无法合并。合并后相互独立的直线会转为一体的多段线（图 6-179）。

图 6-178　端点重合形成夹角的直线

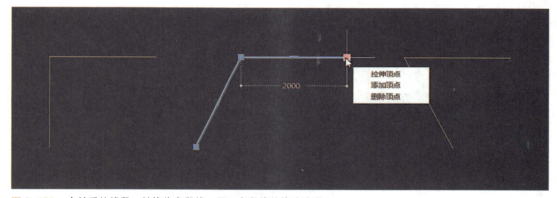

图 6-179　合并后的线段，转换为多段线，显示多段线的修改选项

　　② 合并圆弧：如图 6-180 所示，需合并的圆弧对象必须半径相同，且圆弧的圆心点重合在一点，否则无法合并（图 6-181）。但是圆弧之间可以有间隙，在合并时圆弧自动延长并合并。

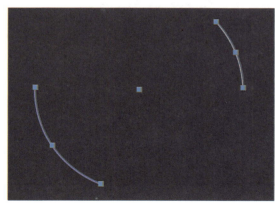

图 6-180　两圆弧半径相同且圆心重叠

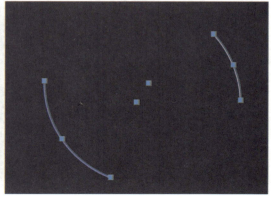

图 6-181　两圆弧半径相同但圆心不重叠

半径相同且圆心重叠的圆弧在合并时，其选择的先后顺序会影响弧线连接的结果。激活"合并"工具后，如图 6-182 所示，分别先选择黄色圆弧线和紫色圆弧线作为第一个对象，再选择另一段圆弧并单击鼠标右键确定进行合并；最后得到的结果如图 6-183 所示。合并结果的圆弧连接方向与颜色都不同，是因为合并圆弧时，会沿着第一段选中的圆弧逆时针的方向延长弧线，并与第二段圆弧连接合并，且颜色以第一段选中的圆弧为准。

③ 合并多段线：多段线不仅可以和同类型的线段合并，也可以和其他未封闭的任意类型线段合并。但前提是一定要有端点相互重叠。

★注意：多段线与其他直线或圆弧线之间合并时，合并后的结果均会转化为多段线。

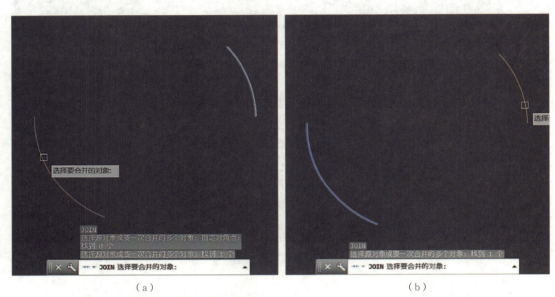

（a） （b）

图 6-182　合并圆弧时，选择圆弧的顺序会影响合并结果

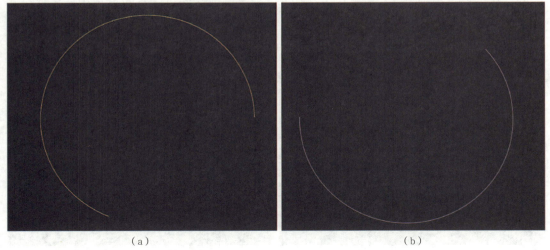

（a） （b）

图 6-183　选择圆弧先后不同得到的合并结果也不同

四、分解（EXPLODE）

"分解"工具主要用于将成块的图形解除块的状态，从而恢复为可单独编辑的图形对象。此外对部分几何形体，例如，矩形、多边形及多段线也可应用分解工具，可将其分解为独立的线段。

（一）"分解"工具的激活

激活"分解"工具可以通过以下两种途径：

① 键盘输入"X"或"EXPLODE"，按下【Enter】键确认。

② 通过"功能区"→"默认"选项卡→"修改"功能面板→点击"分解"按钮激活。

（二）"分解"工具的应用

① 分解块对象：如图 6-184 所示，打开"分解块"文件，通过块编辑工具查看文件中的图形是已经创建为块对象的床立面。在床立面块中还包括了床头灯、床头柜和床三个块。进入块编辑模式，如图 6-185 和图 6-186 所示，可分别选中不同的块，这种将多个块对象再编辑为一个块的方法经常在制图中采用，可便于图形分组的管理。

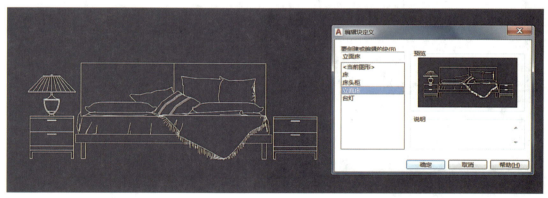

图 6-184 块对象 – 立面床

图 6-185 床立面块下包含的床头灯块

图 6-186　床立面块下包含的床头柜块

通过对块对象的分解打散，制图中可更方便地提取和修改其中的图形。如图 6-187 所示，激活"分解"工具后直接点选或框选目标块对象，选中后命令行会显示选中对象的数量，当前为找到 1 个；然后单击鼠标右键或按下【Enter】键即可对选定的对象进行分解。

如图 6-188 所示，分解后再次选择文件中的图形，床立面块已经解除块的状态，可分别选择床头灯、床头柜和床几个分散的图块。

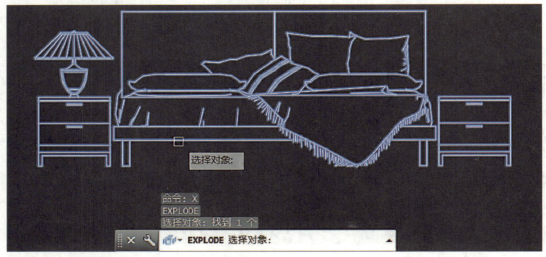

图 6-187　选中块进行分解

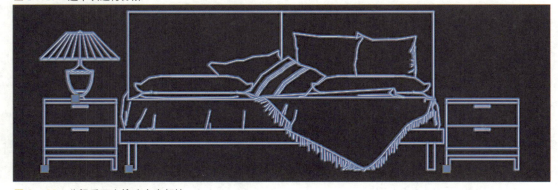

图 6-188　分解后可直接选中内部块

如图 6–189 所示，单独选择分解后的床图块。分解块一次操作只能解除最上一层块的绑定状态，其内部的其他块如需分解还要再对其使用一次分解操作。

② 分解图案填充：图案填充后形成的是一个可重复编辑的特殊图块，也能够作为一个整体选择。图案填充块能够应用"分解"工具，分解后变为各自独立的线段图形，将不可恢复整体图案编辑的功能。

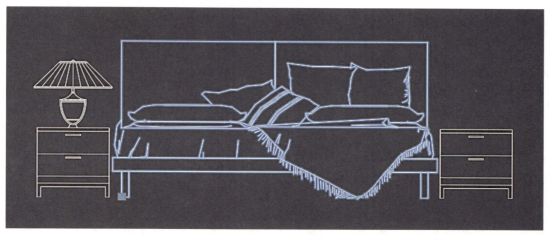

图 6–189　继续分解床图块

如图 6–190 所示，激活"填充"工具，选择"ANSI34"编号图案，图案填充比例设置为"2"，对文件中台灯块进行局部的图案填充；再激活"分解"工具，选中填充图案块并确定对其分解（图 6–191）。

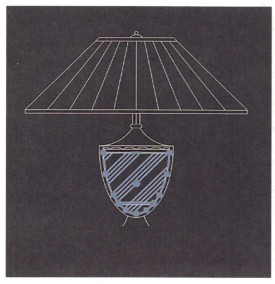

图 6–190　图案填充

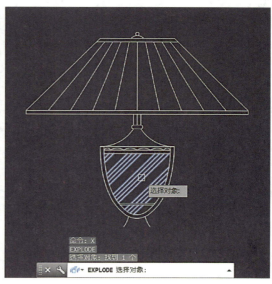

图 6–191　选择图案块分解

分解完成的结果如图 6-192 所示，再次选择填充图案块，此时的块已被分解为独立的线段，再无法通过填充图案编辑器进行各项修改。被分解的块无法复原，因此在制图中要慎重使用。

③ 分解图形：矩形、多边形及多段线创建的图形本身都属于整体的多段线类型，而"分解"工具可将这类图形的线段打散，使线段各自不再相连。但圆形与椭圆形均不能被"分解"工具分解。如图 6-193 所示，图中绘制了矩形、多边形和圆形三种图形。激活"分解"工具，同时框选以上三个图形；选择完毕后，在中命令行显示："找到 3 个 1 个不能分解"（图 6-194）。

图 6-192 图案块被分解为分散的线段

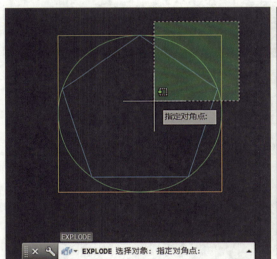

图 6-193 选择几何图形进行分解

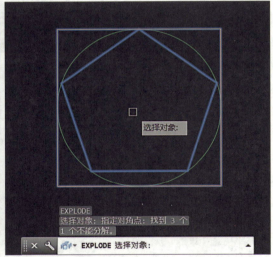

图 6-194 选中目标高亮显示

如图 6-195 所示，继续单击鼠标右键确定分解后，点选矩形、多边形和圆形边线，会发现除圆形外，矩形和多边形已被分解为独立的直线，点选只能选中其中的一条边线，必须使用框选才可一次选中所有边线。

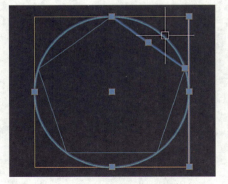

图 6-195 圆形不可分解，矩形与多边形分解为线段

五、缩放（SCALE）

"缩放"工具可将选中的图形对象，按照等比关系进行自由放大或缩小，提供"比例因子"和"参照"两种缩放模式。

（一）"缩放"工具的激活

激活"缩放"工具可以通过以下两种途径：

① 键盘输入"SC"或"SCALE"，按下【Enter】键确认。

② 通过"功能区"→点击"默认"选项卡→"修改"面板→点击"缩放"按钮激活。

（二）"缩放"工具的使用

① 比例因子："缩放"工具默认的缩放模式是比例因子。如图 6-196 所示，打开"缩放 - 餐桌椅"文件。图中餐桌长 1300 mm、宽 800 mm，接下来对该餐桌椅图块进行缩放修改。

第一步，如图 6-197 所示，激活"缩放"工具，按照提示选择将要缩放的餐桌椅图块并按下鼠标右键确定。

第二步，如图 6-198 所示，指定一个缩放的基点，捕捉桌面左下角端点作为本次缩放的基点。该点将作为缩放图形时的中心点。

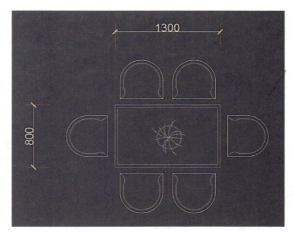

图 6-196　"缩放 - 餐桌椅"文件

图 6-197　激活"缩放"工具，选择缩放对象

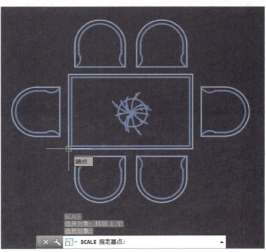

图 6-198　确定缩放基点

第三步，如图 6-199 所示，确定基点后，可输入需要缩放的比例倍数。1 为原比例，输入大于 1 的数值图形将放大，反之则缩小图形。输入倍数值"2"，按下【Enter】键确定对图形进行放大。

最后的结果如图 6-200 所示，左边为原图形，右边为放大 2 倍后的图形，其桌面的长、宽尺寸分别为原图形的 2 倍。

② 参照：在缩放图形对象时，缩放前后的尺度无法精确用倍数计算的，可以采用"参照"模式来修改。参照的缩放模式在控制缩放尺度上更加精确，其关键在于指定正确的"参照长度"。

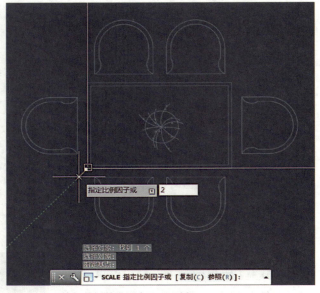

图 6-199　输入比例数值放大图形比例

图 6-200　原图与放大 2 倍的图形

例如，将餐桌椅块整体放大，并使桌面水平的长度从 1300 mm 放大到 1600 mm。

第一步，如图 6-201 所示，首先激活"缩放"工具，选择餐桌椅图块为对象；然后按照命令行提示捕捉桌面左上角端点为缩放基点。

第二步，如图 6-202 所示，按照命令行提示输入"r"，按下【Enter】键确定，或点选命令行中选项"参照（R）"。

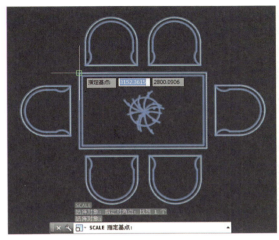

图 6-201　激活"缩放"工具指定基点

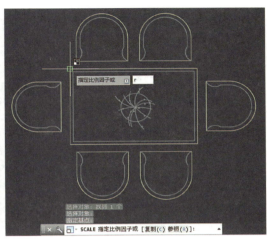

图 6-202　选择"参照"模式

第三步，指定"参照长度"，如图 6-203 所示，捕捉桌面边长的一端点为参照长度的起点，捕捉点选桌面边长的另一端点为参照长度的第二点（图 6-204）；在指定"参照长度"后，按照提示键入"1600"，按下【Enter】键确定新的参照长度数值，以确定缩放结果（图 6-205）。

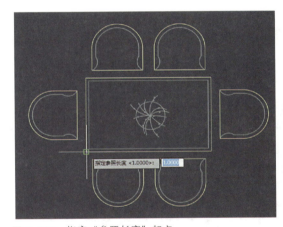

图 6-203　指定"参照长度"起点

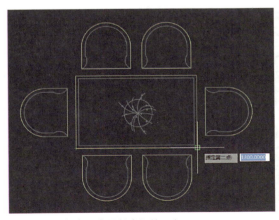

图 6-204　指定"参照长度"第二点

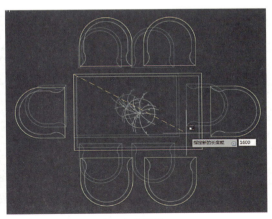

图 6-205　确定新的参照长度数值

最后结果如图 6-206 所示，整个餐桌椅图块得到等比放大，而餐桌的长度从 1300 mm 准确放大至 1600 mm。

如果需要缩短"参照长度"，则在指定"参照长度"后键入小于参照长度的数值就可以缩小对象了。

③复制：如图 6-207 所示，使用"缩放"工具确定基点后，命令行中还提供了"复制（C）"选项。该选项会创建一个复制的图形进行缩放，保持选中的原图形不变化。输入"c"，按下【Enter】确定或直接点击选择激活该选项；然后输入比例因子"2"，按下【Enter】确定放大选中的图形。

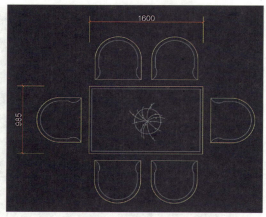

图 6-206　缩放结果

最后的结果如图 6-208 所示，被放大的是复制的图形，而原图形比例保持不变。

★注意：如要在参照模式下复制缩放，也需要在确定基点后先选择"复制（C）"选项再选择"参照（R）"选项，才可以起效。

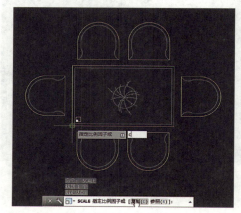

图 6-207　选择"复制（C）"选项

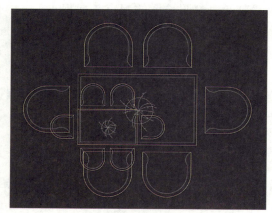

图 6-208　复制并缩放选中图形

六、拉伸（STRETCH）

"拉伸"工具可以通过正选选区，对选中的图形对象进行局部的比例修改，还可配合参数的输入准确控制比例的修改。

（一）"拉伸"工具的激活

激活"拉伸"工具可以通过以下两种途径：

①键盘输入"S"或"STRETCH"，按下【Enter】键确认。

②通过"功能区"→点击"默认"选项卡→"修改"面板→点击"拉伸"按钮　激活。

（二）"拉伸"工具的使用

① 拉伸的选择："拉伸"工具的使用主要在于选区的选择，通过选区选择不同的对象进行局部的拉伸修改。

第一步，如图 6-209 所示，打开"拉伸"文件，激活"拉伸"工具后，首先采用正选局部框选矩形上方和右侧的直线，单击鼠标右键确定；然后如图 6-210 所示，命令行会显示："选择对象：指定对角点：找到 1 个"。第二步按照提示在矩形附近任意确定一个基点。第三步，如图 6-211 所示，以选中的基点为中心移动光标，可使之前框选中的局部线段，随着光标移动而拉伸变化；如图 6-212 所示，将线段拉伸至需要的效果，单击鼠标左键就可将线段拉伸效果确定。

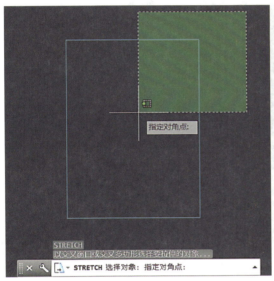

图 6-209　激活"拉伸"工具，框选局部图形

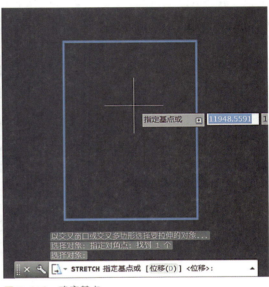

图 6-210　确定基点

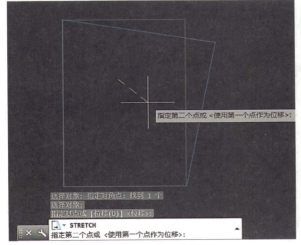

图 6-211　以基点为中心移动拉伸局部线段

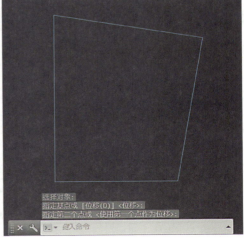

图 6-212　单击鼠标左键确定结果

② 拉伸尺寸确定：如果需要精确控制选择对象的拉伸结果，除了需要配合极轴追踪锁定方向，还需要在拉伸的过程中输入数据来决定局部拉伸的长度。

第一步，如图 6-213 所示，激活"拉伸"工具，正选框选矩形的上下与右侧的直线。第二步，任意确定一个基点，然后以基点为中心配合极轴追踪锁定水平方向，向右移动一定的距离后，输入拉伸移动的数值"200"→【Enter】键确定，完成向右侧的局部拉伸修改（图 6-214）。

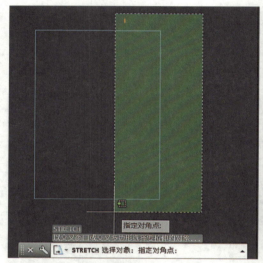

图 6-213　框选拉伸局部线段

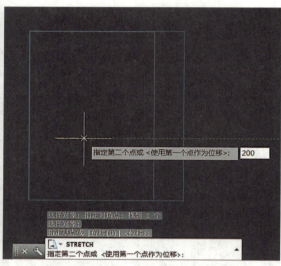

图 6-214　确定基点后水平移动确定拉伸距离

最后结果如图 6-215 所示，矩形局部拉伸，左右宽度尺寸增加了 200 mm，而上下尺度不变。

③ 实际应用：在制图中经常需要对已绘制的图形进行局部尺寸修改。如图 6-216 所示，图形中的床水平宽度为 1350 mm、上下长度为 2000 mm，床的长度已经符合规范

图 6-215　局部拉伸矩形增加水平尺寸

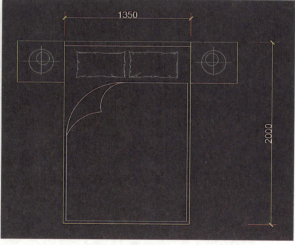

图 6-216　床平面图

要求无须修改，只需要将宽度改为 1600 mm 的标准双人床。实现修改可使用"移动"工具和"延伸"工具的配合完成，但使用"拉伸"工具修改如选择得当可以一步到位。

第一步，如图 6-217 所示，激活"拉伸"工具，使用正选框选图中所示的图形线段，注意避开枕头的图形线段，选中的图形线段如图 6-218 所示。

第二步，如图 6-219 所示，选定对象后任意选择图形附近一点为基点。

第三步，如图 6-220 所示，使用极轴追踪锁定水平方向，从基点向右侧移动拉伸选中的局部图形，同时输入拉伸距离"250"，按下【Enter】键确定，即可完成本次拉伸修改。

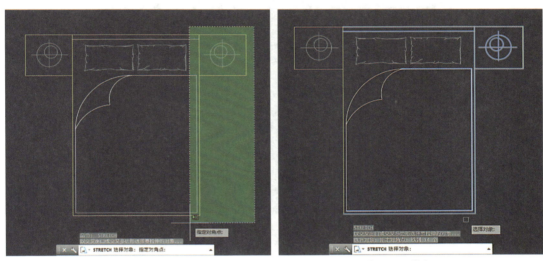

图 6-217　激活"拉伸"工具，框选适合的局部图形线段　图 6-218　选中的部分图形线段

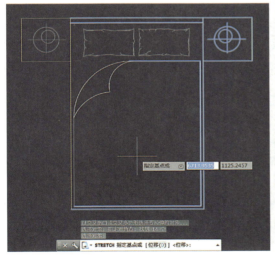

图 6-219　任意确定基点

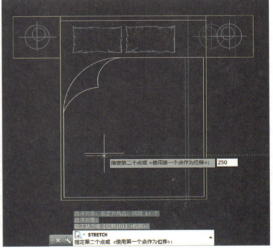

图 6-220　水平右移拉伸选中的图形线段

拉伸修改后的结果如图 6-221 所示，床图形长度和其他局部不变，唯有床宽度拉伸至 1600 mm。随后调整枕头图形的位置完成平面床图形的局部修改。

★**注意：** "拉伸"工具可以修改部分几何图形，如矩形、多边形，但无法拉伸圆形与椭圆形；"拉伸"工具也无法直接拉伸块对象，只能分解后或通过块编辑器来拉伸修改。

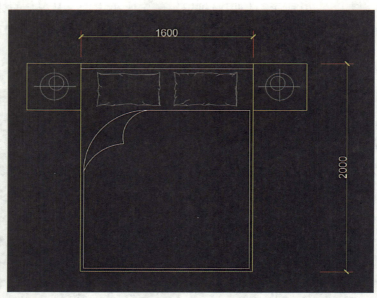

图 6-221　拉伸床宽度为 1600 mm

第 七 章

AutoCAD 室内平面图绘制

本章节以住宅设计制图为例，介绍如何综合运用 AutoCAD 的创建、修改及辅助工具，同时结合制图规范的要求，绘制出完整准确的设计平面图和立面图。AutoCAD 中绘制方案图的顺序与设计的流程密切相关，在不同的阶段所需绘制的图纸内容也不一样。为了更规范有效地完成图纸绘制，在开始绘制图纸之前，还务必做一些必要的准备工作。

第一节　AutoCAD 绘图准备

一、绘图环境设置

打开 AutoCAD 软件后，首先新建文件，然后可按照自身的绘图习惯进行绘图环境的设置。很多设置如绘图界面、光标显示及文件保存等，通常只需设置一次，直到下一次修改设置前，每次新建的文件中都将保持相同设置。相关的设置方法请参考"第二章 AutoCAD 基本功能"。

而 AutoCAD 中的绘图辅助类工具，如常用的对象捕捉、极轴追踪等工具，每次新建的文件中都将恢复为默认设置，可在绘图过程中灵活修改设置以适应绘图的需要。该部分的设置方法请参考"第四章 AutoCAD 绘图辅助"。

二、图层的设置

AutoCAD 中的图层工具面板，提供了图层特性、图层样式列表和图层特性修改设置工具。如图 7-1 所示，图层工具面板位于功能区 → 默认选项卡中，其用途主要对应设计制图中的线宽与线型等规范要求；另外图层样式提供了丰富的图层特性，使 AutoCAD 中对于图形自定义管理的方式变得多样化。

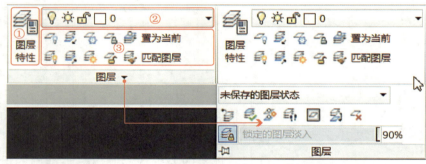

① — 图层特性工具图标；② — 图层样式列表；③ — 图层特性修改设置工具。
图 7-1　图层工具面板

（一）图层特性（LAYER）

如图 7-2 所示，点击位于图层功能面板左侧的"图层特性"工具图标，或通过输入"LA"，按下【Enter】键可激活"图层特性设置"面板。打开的图层特性设置面板，其右侧的图层样式列表中，默认只提供了一个图层样式"0"。该图层不可改名或删除。在设置面板中可以新建、删除图层样式，也可自由修改样式列表中图层样式的各项特性。

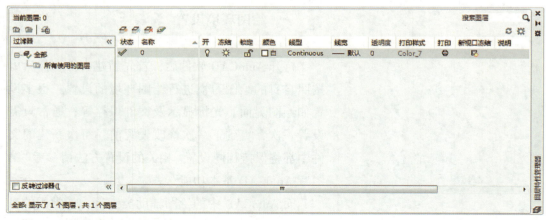

图 7-2　"图层特性设置"面板

如图 7-3 所示，点击图层特性设置面板左上角的"图层状态管理器"图标，或通过快捷键【Alt】+【S】可打开"图层状态管理器"面板（图 7-4）。在面板中点击"输入（M）"按钮，可浏览输出保存的".Las"格式的图层状态文件。选择图层状态文件后，可将准备好的图层样式载入当前文件的图层样式列表中。

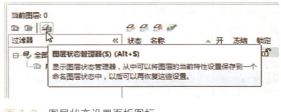

图 7-3 图层状态设置面板图标

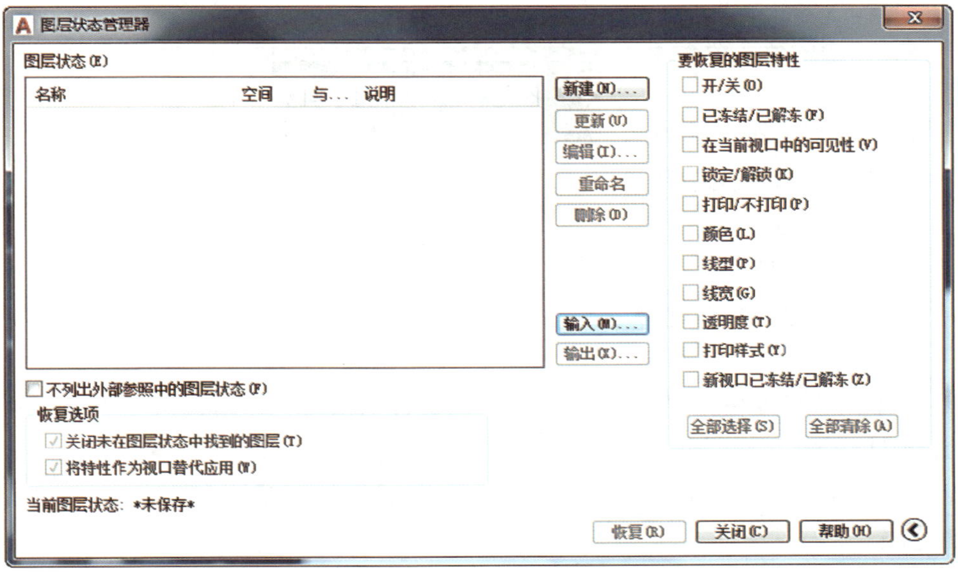

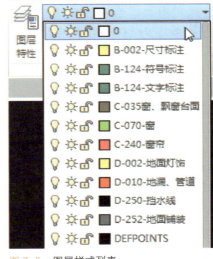

图 7-4 图层状态管理器面板

（二）图层样式列表

如图 7-5 所示，点击图层样式列表，可显示出目前所有图层的样式（包括以载入图层状态文件方式导入的图层样式）。通过图层样式列表可以将所绘制的图形归属至相应的图层样式下。使用同一个图层样式的图形会呈现统一的颜色、线宽及线型等特性，利于制图规范的实现。

点击列表中每个图层样式名称左侧的特性图标，可对同一图层样式中的图形进行显示的开关、隐藏或冻结。不同图层样式下的图形也可以通过颜色加以区别，提高绘图及管理图形的效率。尤其是通过"布局"空间来绘图时，通过图层样式特性对图形分类管理是不可或缺的。

图 7-5 图层样式列表

（三）图层特性修改设置工具

该工具组的工具可以对选中图形的图层，进行开关、隐藏、冻结或者隔离。如图 7–1 所示，点击图层工具面板最下方的"图层"面板标题，可展开全部图层工具面板，显示出其他隐藏的图层特性修改工具和设置选项。

（四）特性工具

如图 7–6 所示，默认情况下位于"图层工具"面板右侧的是"特性工具"功能面板。该面板配合"图层样式列表"来使用。

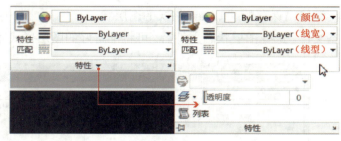

图 7–6　"特性工具"功能面板

① 在图层样式列表中选择一种图层样式置为当前图层后，特性工具面板中会从上至下分别显示出该图层样式的颜色、线宽和线型的特性。选中目标图形后，点击相应特性栏右侧的下拉标记▼，可选择不同特性选项，修改替换选中图形的原图层特性。

② 位于面板最左侧的是"特性匹配（MATCHPROP）"工具，可将源对象的图层样式赋予目标图形，是一项经常使用的图层修改工具（可通过输入"MA"，按下【Enter】键激活）。点击特性工具面板最下方"特性"面板标题可展开完整面板，显示隐藏的特性设置选项。

第二节　原始框架平面图

原始平面框架图是同一套图纸中所有图纸的基础，尤其是平面类的图纸。在 CAD 中其他不同内容的平面图纸都需要以原始平面框架图为基础绘制。设计方案图纸的绘制都是基于原始框架平面图纸开始的。

一、插入测绘平面图

在开始绘制原始框架平面图之前，首先需要准备好记录了尺寸数据的测绘平面图。本案例提供的测绘平面图为图片格式，为了避免重复在 AutoCAD 与看图软件间切换，可以通过 AutoCAD 中所提供的插入图像的功能将图片导入 AutoCAD 绘图区中。

如图 7–7 所示，通过功能区"插入"选项卡 → "参照"功能面板，点击"附着"功能按钮打开"选择参照文件"面板，浏览并选择打开案例"测绘平面图 .jpg"格式图片。

图 7-7　通过"选择参照文件"面板浏览并插入"测绘平面图"

　　选择需要导入 AutoCAD 的图片文件后，还需要在绘图区通过光标拖动拉伸，以确定图片的显示比例。如图 7-8 所示，成功导入后的测绘平面图将直接显示在绘图区中。

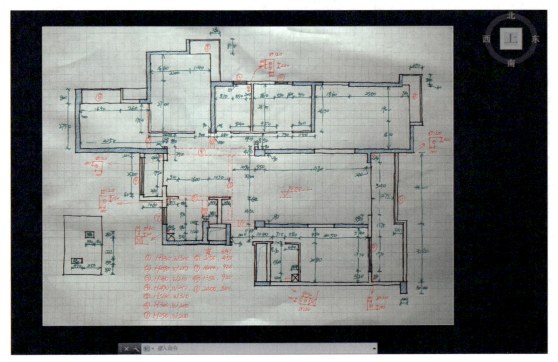

图 7-8　插入的测绘平面图

二、绘制原始框架平面图

（一）绘图流程与方法

通常绘制图纸时会选择从一个主要的空间开始绘制，然后按照顺时针或者逆时针方向，依次沿着墙体结构绘制完成整个平面框架图。在绘制墙体结构线段过程中，可同时确定墙体结构上的门窗洞口，然后再绘制添加梁位结构、门与窗户结构、管线及其他设施的图形。

① 如图 7-9 所示，以导入的测绘平面图为依据，首先以右上中间客厅空间为起点，顺时针方向依次绘制阳台、书房、走廊、餐厅和厨房等区域。在绘制墙体结构线段的同时，注意确定出门窗洞口的位置。

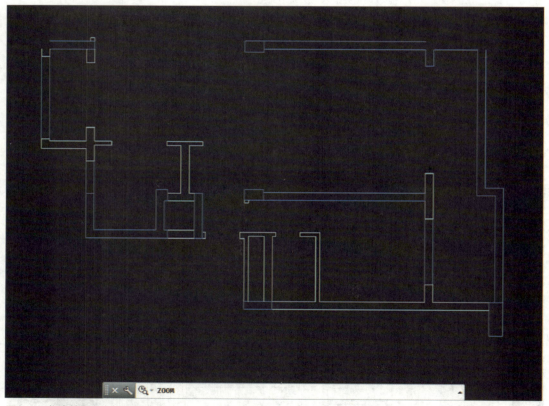

图 7-9　依次绘制各空间墙体

② 如图 7-10 所示，按照同一方向继续绘制剩余的卧室及卫生间等空间，最后闭合墙体结构，完成整张平面图墙体结构图形的绘制。

③如图 7-11 所示，在完成的墙体结构图形中，添加梁位、窗结构、烟道和下水管等图形，最后给承重墙体结构增加适合比例的填充图案。

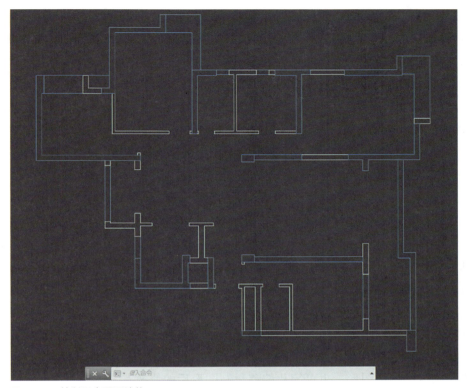

图 7-10　绘制闭合平面墙体

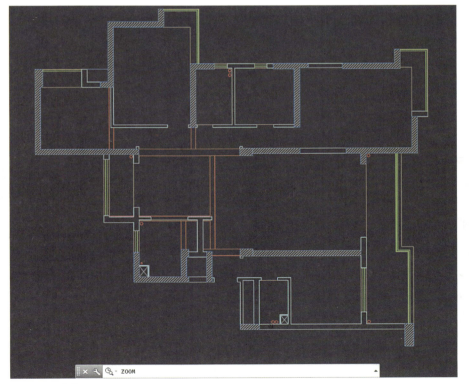

图 7-11　完善平面图

（二）绘图注意事项

① 保证从主要大空间开始绘制，当尺寸对接出现冲突时，优先保证大空间或主要空间与测绘平面图中记录数据的一致性。

② 及时修改所绘图形的图层归属，以区分承重墙、非承重墙、门窗和梁位等其他不同类型的结构。

③ 对于测绘平面图中所记录的部分非整数尺寸数据，在绘制时可以适当四舍五入。

④ 配合 CAD 的极轴追踪与对象捕捉绘制图形，注意保持所绘图形的精确度。

（三）绘图工具

绘制平面图时主要使用"直线"工具绘制墙结构线，少量使用"矩形"工具 ▭ 配合绘图。绘制过程中需要经常使用"移动" ✛ 、"旋转" ↻ 等修改工具对图形进行位置调整，相同的结构可借助"复制" ⌀ 、"偏移" ▱ 和"镜像" ◿◣ 等命令绘制。在处理结构转角处连线时，可使用"修剪" ⌿ 和"圆角" ◖ 工具来编辑超出或长度不够的线段。如需调整线段长度，可选择线段两端的夹点通过移动和捕捉对齐进行修改。如果同时需要延长对齐的线段很多，则可使用"延伸"工具 ⌿ 来完成。

★**注意：**在绘制图形结构时，处于同一图层下，且构成完整结构轮廓首尾相连的线段，可统一选中并使用修改工具"合并" ➡ 将其修改为整体连接的多段线。这样可保护已绘制确定的结构图形，也可简化偏移复制图形后的修改。

三、新工具的使用

距离（DIST）：在绘制图形时，对已经绘制完成的图形或线段，可以使用"距离"测量工具重新核查尺寸。激活"距离"工具的方法：

① 如图 7-12 所示，可通过"功能区"→"默认"选项卡→"实用工具"功能面板 → 点击"测量"→ 点击"距离" ▬ 按钮激活。

② 输入快捷键"DI"或"DIST"，按下【Enter】键激活。

如图 7-13 所示，激活"距离"测量工具后，通过对象捕捉，点击选取欲测量线段左侧端点为起点，然后将光标移至线段终点位置，待自动对齐捕捉该端点后，无须点击确定即可在线段上方显示出该线段的距离测量结果。如图 7-14 所示，若点击了线段终点，则在命令行会显示出更为详细的测量信息。

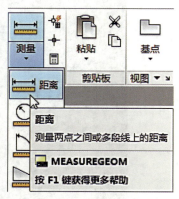

图 7-12　点选"距离"工具

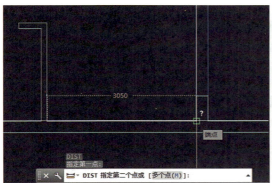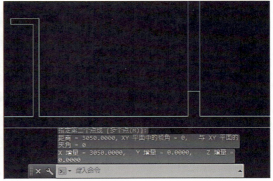

图 7-13　分别捕捉起点与终点测量距离　　　　图 7-14　测量结果显示

第三节　布局搭建图纸框架

布局空间是 CAD 所提供的一种可更换图形显示比例的图纸绘图环境。通常首先在 CAD 模型空间中绘制好设计平面图和立面图形，再进入布局空间，分别创建这些图形的缩放视口，最后再添加说明、标签和标注完成整张图纸的绘制。

点击绘图区左下位置的"布局"选项卡后，可从模型空间切换进入布局空间中。在布局空间中可以同时创建多个不同显示内容的视口，也可通过不同比例的视口显示相同的图形内容。

一、导入图框

在布局空间中，首先需要确定图纸的打印纸幅，以此判断图纸中视口创建的大小与显示比例。室内设计方案图纸常用的打印纸幅有 A3 和 A2 两种，其纸张边距长和宽分别为 420 mm × 297 mm，594 mm × 420 mm。不同的打印纸幅需要配合相应尺寸的标准图框。

如图 7-15 所示，在本案例提供的"图块"文件中可以找到一个标准 A3 打印纸幅的图框。通过【Ctrl】+【C】

图 7-15　标准 A3 打印图框

组合快捷键复制图框，再使用【Ctrl】+【V】组合快捷键粘贴，将该图框跨文件复制到当前文件的布局空间中。通过"标注"或"距离"工具，测得该图框外框尺寸分别为长 420 mm，宽 297 mm，这均与标准 A3 打印纸幅相同。

二、创建视口

可以通过以下方式激活"创建视口"工具：

① 如图 7–16 所示，通过功能区"布局"选项卡 → "布局视口"功能面板 → 点击"矩形"工具按钮激活。

② 通过快捷键【MV】也可快速激活"创建新视口"工具。

激活"创建视口"工具后，可以在绘图区创建任意大小的矩形视口。回到绘图区通过框选点击确定新视口的显示区域。

图 7–16　点击"矩形"工具按钮激活"创建视口"

如图 7–17 所示，视口创建的区域以所使用的打印图框为限。新建视口中将自动显示所有在模型空间绘制的图形。可在视口区域内双击进入视口内部空间，通过平移和缩放操作修改视图显示内容，将平面框架图形居中显示在图纸新建视口范围内。

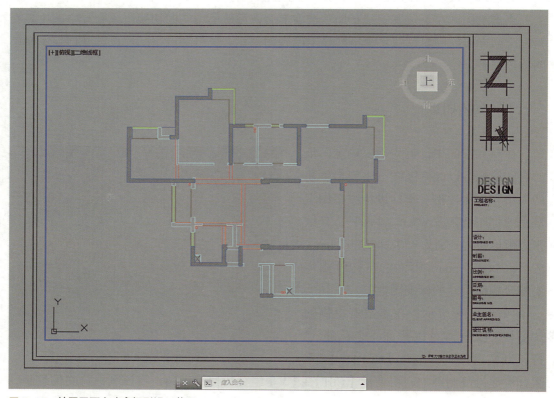

图 7–17　绘图区两点确定矩形视口范围

三、新工具的使用

特性（PROPERTIES）："特性"面板是一种常用的图形特性修改工具，根据选中的图形会显示出不同的可修改特性。激活"特性"面板的常用方式如下：

① 如图 7-18 所示，通过功能区"默认"选项卡 → "特性"功能面板，点击面板右下角的图标 ↘ 激活面板显示。

② 输入"MO"，按下【Enter】键或使用【Ctrl】+【1】键快速激活面板显示。

激活特性面板后，先选择需要修改的图形对象，再找到特性面板中所提供的相应选项进行设置更改。

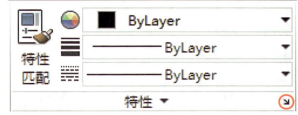

图 7-18 点击图标激活"特性"面板

四、设置视口显示比例

调整好视口中的显示内容后，在视口区域外部双击退回到布局空间中。如图 7-19 所示，选中新建视口的边框，通过点击"特性"面板中的"标准比例"选项展开比例列表，可选择一个新比例应用到当前正在设置的视口中。

若在标准比例列表中没有找到适合当前视口的显示比例，通过"特性"面板中的"自定义比例"，点击选项后的计算器图标，可打开"快速计算器"面板，如图 7-20 所示。先通过计算将所需的缩放比例转换为小数，然后点击下方的"应用（A）"

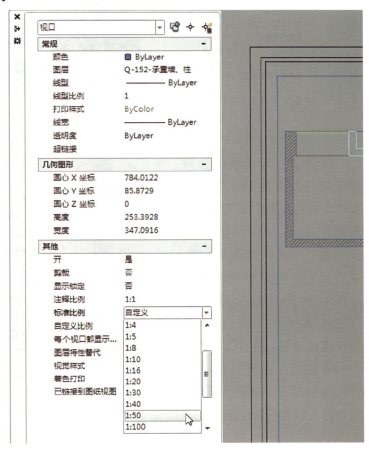

图 7-19 选择视口显示比例

203

按钮确定，就可以将比例应用到选中视口的显示中了。

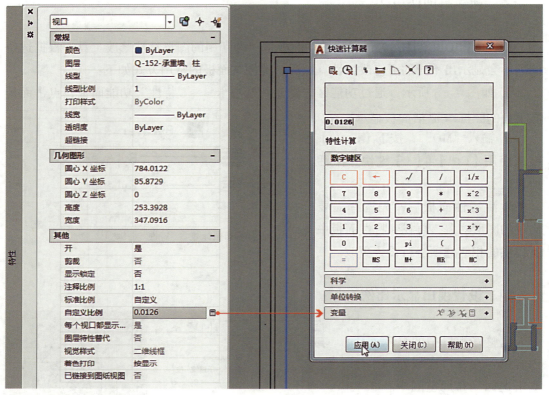

图 7-20　自定义视口显示比例

　　应用了显示比例的视口，为了确保设置好的显示比例不会在视图操作中被误更改，还需要在"特性"面板中点开"显示锁定"选项，选择"是"，将设置的视口显示比例进行锁定。在需要重新调整视口显示比例时，则需要先点击"显示锁定"并更改选择为"否"，才可以重新修改视口的显示比例（图 7-21）。

　　★注意：在设置视口显示比例时，应使显示的图形内容与图框之间预留足够的标注空间，提供给尺寸与文字的标注使用。

图 7-21　视口显示锁定

第四节　文字与尺寸标注

在导入图框并完成视口创建后，然后对视口中显示的平面图进行文字和尺寸的标注。

AutoCAD 中提供了多种文字标注和尺寸标注的工具，可以在标注时结合使用。在不同显示比例的视口中标注时，可通过创建不同的标注样式来区别，以满足制图规范的要求。

一、文字标注

（一）多行文字

如图 7-22 所示，AutoCAD"功能区"→"注释"选项卡下提供了"文字"功能面板。文字标注工具有"多行文字"与"单行文字"两种，常用的是"多行文字"工具。

图 7-22　文字功能面板

激活"多行文字"工具的常用方式如下：

① 直接点击功能区面板中的"多行文字"工具图标激活使用。

② 输入"T"，按下【Enter】键快速激活"多行文字"工具。

激活"多行文字"标注工具后，如图 7-23 所示，在布局的绘图区中通过两点确定

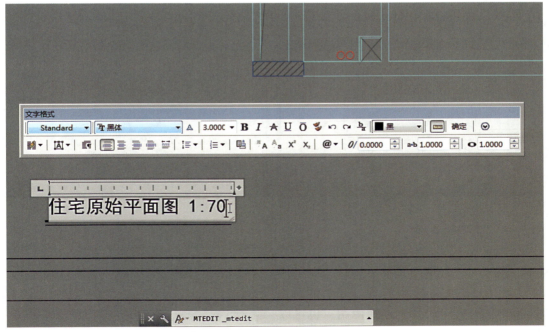

图 7-23　标注平面图名和视口显示比例

标注区域；然后在标注区域中输入文字标注内容。多行文字标注时还提供了"文字格式"面板，可以设置修改标注内容的字体样式、大小、颜色等特性。输入和设置后点击"文字格式"面板中的"确定"，或在标注区域外单击鼠标左键即可完成标注。如需再次修改已标注的文字内容，可在文字标注内容上双击，即可重新激活"文字格式"面板进行文字内容和特性的修改。

（二）文字样式

文字标注还可以配合文字标注样式来使用。通过激活"文字样式"设置面板，预先设置好不同特性的文字标注样式，标注时直接使用，就不必每次标注都进行文字内容的特性设置了。激活"文字样式"设置面板的常用方式有以下三种：

图 7-24　管理文字样式选项

① 如图 7-24 所示，点击展开"文字样式列表"，然后点击"管理文字样式"选项激活设置面板。

② 如图 7-22 所示，点击"文字功能"面板右下角的图标 ◢ 激活设置面板。

③ 最常用的是通过输入"ST"，按下【Enter】键激活设置面板。

激活后的文字样式设置面板如图 7-25 所示。图 7-25a 所示的样式列表中只提供一种默认样式。点击"新建（N）"按钮，就可在"新建文字样式"面板中命名并创建新样式。随后在样式列表中选择新样式，依次修改字体、大小、高度等特性后，点击"应用（A）"就可以保存样式设置了（图 7-25b）。

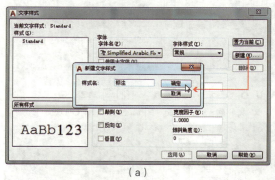

（a）

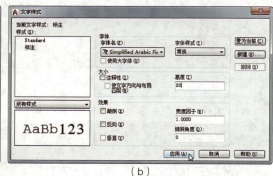

（b）

图 7-25　文字样式设置面板

如图 7-26 所示，创建好的样式可以在标注文字内容时，点击展开"文字格式"面板最左侧的样式列表选择使用。也可以如图 7-24 所示，在"文字"功能面板的文

图 7-26　文字格式面板中选择文字样式

字样式列表中选择新建的样式，置为当前来使用。

★**注意**：文字样式不仅能够在文字标注时使用，还可以在尺寸标注、引线标注及表格绘制的创建中使用，因为这些标注样式都涉及文字的显示设置。

二、尺寸标注

（一）标注功能面板

AutoCAD"功能区"→"注释"选项卡下提供了"标注"功能面板。如图 7-27 所示，尺寸的标注工具种类较多，常用的标注有线性、对齐、连续和角度标注工具。此外如图 7-28 所示，面板中还提供了多种修改标注的工具，可以对标注的内容做不同方式的修改。可直接点击面板中的图标激活工具使用，也可通过菜单栏中的"标注（N）"下的工具列表选择使用。常用的标注工具提供了对应的快捷键，以便快速激活使用。

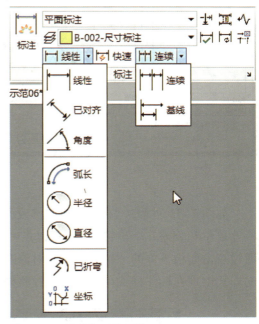

图 7-27 "标注"功能面板

（二）标注样式

如图 7-29 所示，"标注"功能面板最上方提供了"标注样式列表"。点击展开列表，在标注时可预览并选择不同的样式。默认只提供"ISO-25"和"Standard"两种样式。如需要新建样式可激活"标注样式管理器"。常用激活"标注样式管理器"的方式有以下三种：

① 点击展开标注样式列表，点击"管理标注样式"选项（图 7-29）。

② 如图 7-28 所示，点击标注面板右下角的图标 ◥ 激活。

图 7-28 修改标注工具

图 7-29 管理标注样式选项

③ 若经常使用，可通过输入 "D"，按下【Enter】键激活。

图 7-30 中显示的是 "标注样式管理器" 面板，通过点击 "新建（N）" 按钮打开 "创建新标注样式" 面板。可以输入新标注样式的名称，以及修改基础样式；然后点击 "继续" 按钮进入 "标注特性" 修改面板，进行详细的样式设置。

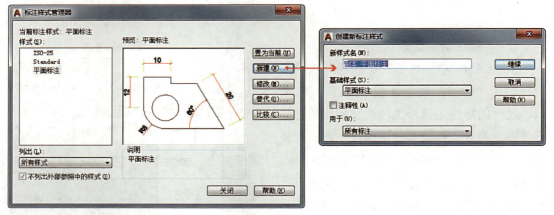

图 7-30　标注样式管理器

如图 7-31 所示，"标注特性" 修改面板分为线、符号和箭头、文字、调整、主单位、换算单位和公差几个设置部分，可以点击标签切换设置内容。修改完需要设置的内容后，通过点击面板下方的 "确定" 按钮对修改的内容加以保存。回到标注功能面板中，新建的样式出现在标注样式列表中，选择将样式置为当前就可以应用于标注了。

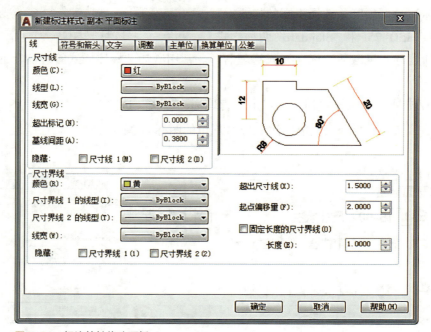

图 7-31　标注特性修改面板

如果需要修改某个创建好的标注样式，可重新激活"标注样式管理器"；在左侧样式列表中选中需要修改的样式，再点击"修改（M）"按钮，将再次进入该样式的"标注特性"修改面板；随后修改相应的内容，最后点击"确定"按钮保存修改的内容。

（三）标注工具

线性、对齐、连续和角度标注工具是制图中使用最多的标注工具。

① 线性与连续标注。

标注多段尺寸时，一般先激活"线性"标注工具进行第一段结构的标注，再激活"连续"标注工具进行后续结构的标注。连续标注可以自动识别上一段标注的标注点并接续标注，通过减少标注点的选择提高标注效率。

第一步，如图 7-32 所示，输入"DLI"，按下【Enter】键激活"线性"标注，通过对象捕捉从右至左锁定墙体线段的两端点作为标注点，然后向下移动生成的标注图形至适合的距离，单击鼠标左键确定第一段结构的标注。

第二步，如图 7-33 所示，输入"DCO"，按下【Enter】键激活"连续"标注。这时连续标注会自动连接刚完成的标注图形，将其左侧的标注点作为起点，只需要继续捕捉下一个标注点就可以完成第二段结构的标注。

图 7-32　线性标注　　　　　　　　图 7-33　连续标注、接续标注

★注意："线性"标注激活一次只能标注一段结构，必须重复激活才能连续标注；"连续"标注不能直接捕捉端点进行标注，只能接续已经完成的标注图形来标注。但激活"连续"标注后，能够自动识别上一个标注点连续标注多段结构，直到主动退出结束标注。

② 对齐标注。

"对齐"标注工具可以对非水平与垂直的结构线段进行准确的对齐标注。如图 7-34 所示，输入"DAL"，按下【Enter】键激活"对

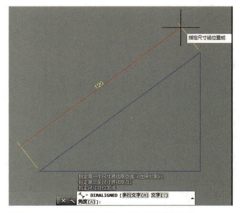

图 7-34　"对齐标注"工具标注斜线段

齐"标注，分别拾取三角形斜边的两端点作为标注点，然后向外移动并确定标注图形的放置位置。得到的标注结果其尺寸线与斜线段平行，标注长度也与真实长度一致。

而图7-35中，激活的是线性标注工具，在对相同的斜线段进行标注时，得到的标注结果其尺寸线无法与斜线平行，标注得到的长度是斜线垂直或水平方向的投影长度。

★**注意**：使用"对齐"标注也可以配合"连续"标注来使用。如图7-36所示，连续标注也能够自动识别对齐标注的标注点连续进行标注，并且也能保持与标注线段的平行对齐。

③ 角度标注。

"角度"标注可以通过分别拾取构成夹角的线段来辨别角度范围，并自动生成角度测量的标注结果。如图7-37所示，输入"DAN"，按下【Enter】键激活"角度"标注，分别拾取三角形的水平直边与斜边；然后向外移动并确定生成的角度标注的位置，完成角度的标注如图7-38所示。角度标注工具也常作为角度测量的工具使用。

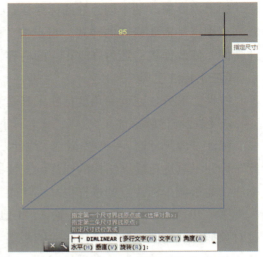

图 7-35　"线性标注"工具标注斜线段

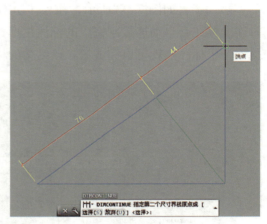

图 7-36　对齐与连续标注工具结合标注

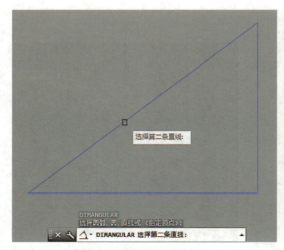

图 7-37　角度标注工具标注测量角度

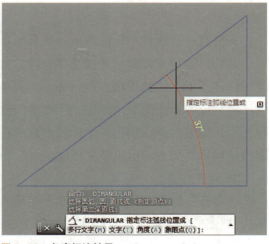

图 7-38　角度标注结果

三、引线标记

引线标记通常配合文字标注来使用，用于指示文字说明对应的结构位置或区域。如图 7–39 所示，CAD "功能区" → "注释" 选项卡下提供了 "引线" 功能面板，主要包括 "多重引线" 标注工具和 "多重引线样式" 列表。该列表中列出了可供选择的引线样式，默认只提供 "Standard" 样式（图 7–40）。如需要添加新的样式，可通过以下方式打开 "多重引线样式管理器" 面板：

① 点击引线功能面板右下角的图标 ↘（图 7–39）打开 "多重引线样式管理器" 面板。

② 在展开的多重引线样式列表中，点击下方的 "管理多重引线样式" 选项（图 7–40）打开 "多重引线样式管理器" 面板。

③ 输入 "MLS"，按下【Enter】键确定打开 "多重引线样式管理器" 面板。

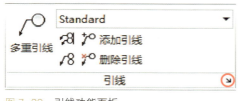

图 7–39　引线功能面板

图 7–40　多重引线样式列表

打开后的 "多重引线样式管理器" 面板如图 7–41 所示，可以点击右侧的 "新建（N）" 按钮创建新的多重引线样式。修改样式名和基础样式后点击 "继续（O）"，如图 7–42 所示，进入 "多重引线特性" 修改面板，进行详细的设置。

"多重引线特性" 修改面板包括 "引线格式" "引线结构" 和 "内容" 三个部分，分别修改引线的 "标注点" "引线线段" 与 "文字标注" 内容。修改设置完毕后点击下方的 "确定" 按钮将新建样式保存。然后在引线功能面板的样式列表中找到该样式，选择置为当前后就可以用于多重引线标注了。

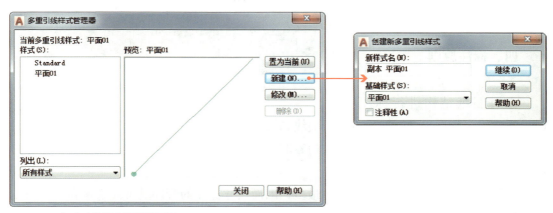

图 7–41　多重引线样式管理器面板

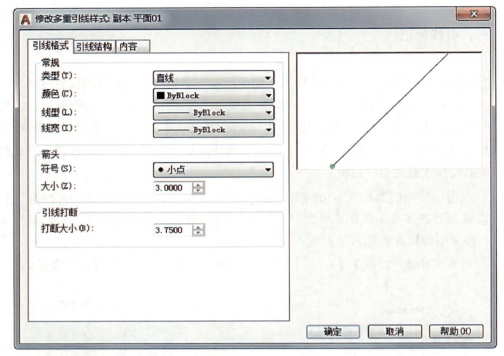

图 7-42　多重引线特性修改面板

通过输入 "MLD"，按下
【Enter】键激活 "多重引线"
标注，如图 7-43 所示，先确
定标注点，再依次通过节点确
定各段引线的角度和长度，完
成引线的标记；最后再添加文
字的标注内容，构成完整的标
注说明。

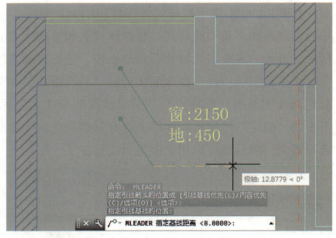

图 7-43　多重引线与文字标注结合标注飘窗结构尺寸

四、标注原则

在对图纸结构进行标注
时，通常优先标注尺寸，然后再进行引线和文字内容的标注。标注时要注意合理利用图
纸空间，分配好尺寸标注与文字标注内容的空间。充分利用标注的样式设置统一标注的
内容，达到规范有条理的标注要求。

由于尺寸标注在图纸标注中内容最多，因而尺寸标注的管理显得尤为重要，一般在
尺寸标注时应当注意以下几个原则：

① 标注时空间允许的情况下应该尽量就近标注。

② 标注要尽量集中连续标注在同一条水平线位置上，标注尺寸界线要统一长度。

③ 标注时尽量不要将标注结果重叠在结构图形上，以免影响结构和标注的表达。

★注意：图纸的标注统一标注在布局空间中，有利于尺寸标注的管理，减少重复进入视口的操作。

第五节　墙体拆改与新砌墙体示意图

同方案平面类型的图纸都可以在同一个原始平面框架图基础上绘制。首先利用视口中对图层显示的冻结管理，隐藏不需要显示的图层内容；然后绘制添加当前图纸需要的图形内容；最后通过布局中的尺寸与文字标注完善整张图纸。

一、墙体拆改示意图

（一）复制原始平面框架图

如图 7-44 所示，首先回到模型空间，将已经绘制好的原始平面框架图选中并平行复制。

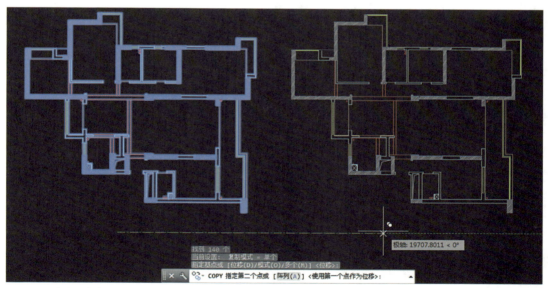

图 7-44　复制原始框架平面图

（二）复制图框新建视口

如图 7-45 所示，回到布局空间，选中第一张平面图纸的图框，同时选中图名与图纸编号的文字标注内容，向右移动复制，修改复制的图名及图纸编号内容，然后在复制出的图框中创建一个新视口。

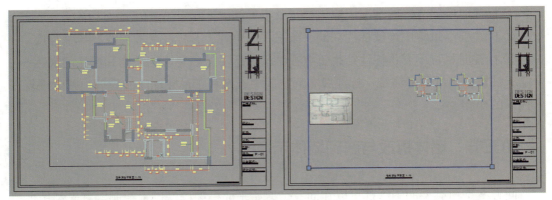

图 7-45 布局中复制图框、图名与图纸编号，并创建新的矩形视口

（三）调整视口

如图 7-46 所示，双击进入新建图纸的视口，通过缩放和平移修改，调整视口显示出新复制的原始平面框架图；通过特性面板中的自定义比例选项，将新建视口的显示比例修改为"1 ： 70（0.0143）"，并将其显示锁定。

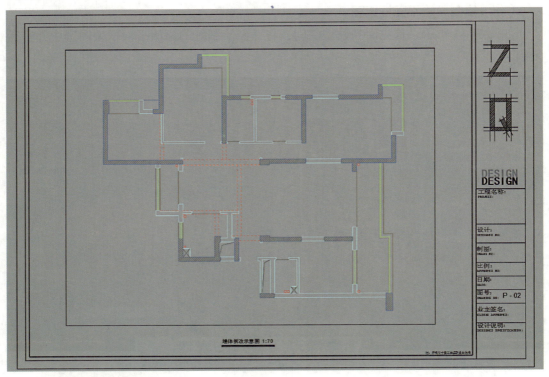

图 7-46 调整新视口显示比例与范围

（四）添加拆改结构图形

如图 7-47 所示，双击进入视口空间，通过图层样式列表，将"Q-084- 拆除墙体"图层置为当前；同时梳理出当前视口中不需要使用到的图层，在当前视口中冻结显示；

将部分非承重墙体结构修改替换为需拆除墙体的结构，并同时添加绘制门洞过梁结构；由于当前图纸中视口显示的是复制的原始平面框架图，因而对非承重墙体结构的修改不会影响到已经完成的第一张图纸。

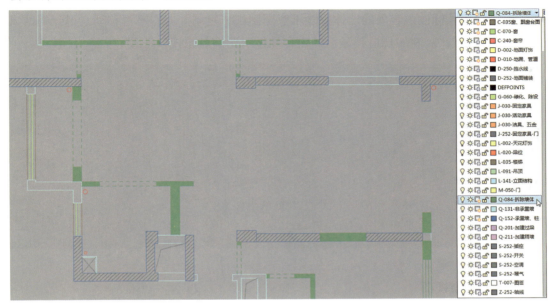

图 7-47　设置管理图层，绘制拆除墙体及添加门洞过梁

（五）标注

完成拆除墙体结构的绘制和图层修改后，回到布局空间，对拆除墙体结构进行详细的尺寸标注，最后绘制添加图例及文字说明。标注完成后效果如图 7-48 所示。

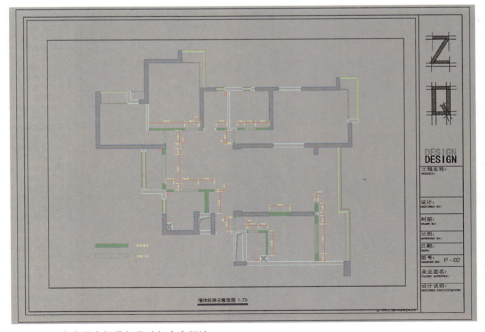

图 7-48　在布局空间添加尺寸与文字标注

二、新砌墙体示意图

（一）复制图纸

选择除尺寸标注内容外的墙体拆除示意图图纸，复制并向右平行移动。得到的结果如图 7-49 所示，复制的视口其显示的内容和显示比例与原视口一致。

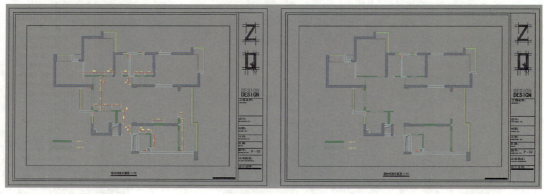

图 7-49　复制图纸

（二）调整视口

如图 7-50 所示，双击进入复制得到的新视口，打开图层样式列表，可见到样式列表中的冻结显示设置也与原视口一致；将"Q-084-拆除墙体"图层在当前视口冻结显示，再找到"Q-201-加建过梁"和"Q-211-加建隔墙"图层，取消在当前视口的冻结显示，并将"Q-211-加建隔墙"图层置为当前图层。

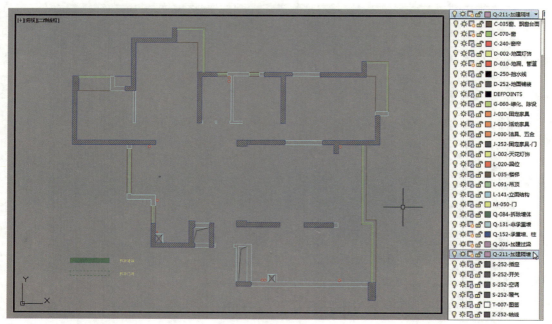

图 7-50　设置管理图层

（三）绘制新砌墙体图形

完成图层设置后，在视口空间内完成新砌墙体结构的绘制，并及时将新绘制的图形分别归入"Q–201–加建过梁"和"Q–211–加建隔墙"图层，然后回到布局空间修改图例及文字说明，绘制结果如图 7–51 所示。

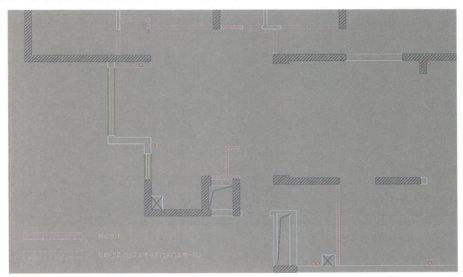

图 7–51　绘制新砌墙体结构，修改图例及文字说明

（四）尺寸与文字标注

如图 7–52 所示，在布局空间中依次标注出新砌墙体结构的尺寸，并通过多重引线配合文字标注对新砌墙体结构绘制标注说明。最后修改图名和图纸编号，完成的图纸如图 7–53 所示。

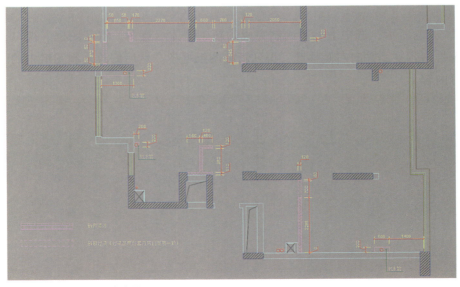

图 7–52　标注尺寸及文字说明

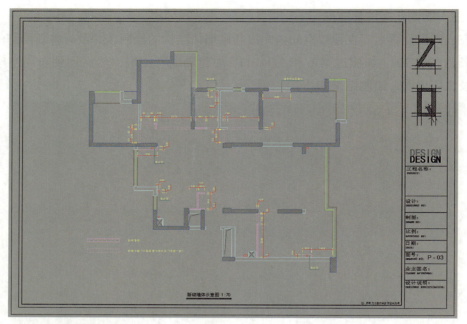

图 7-53　新砌墙体示意图

第六节　功能平面布置图

功能平面布置图用于表达空间装饰构件与功能设施的平面布置，可在新砌墙体示意图的基础上完成图纸的绘制。

一、复制图纸

如图 7-54 所示，选中上一节绘制完成的新砌墙体示意图，将其图框、视口、图名和图纸编号内容复制并向右侧移动，得到新的图纸框架。然后修改复制图纸中的图名和图纸编号内容。

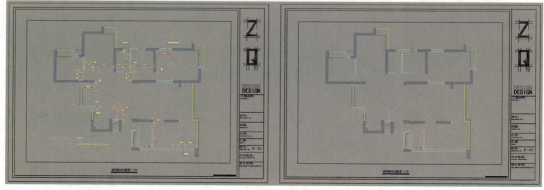

图 7-54　复制图纸

二、调整视口

如图 7-55 所示，双击进入新图纸视口中，通过图层样式列表，将"Q-201-加建过梁"图层在当前视口中冻结显示；取消"J-030-固定家具""J-030-活动家具""J-030-洁具、五金""M-050-门"等图层在当前视口的冻结显示。这些图层将在绘制当前"功能平面布置图"内容时用到。

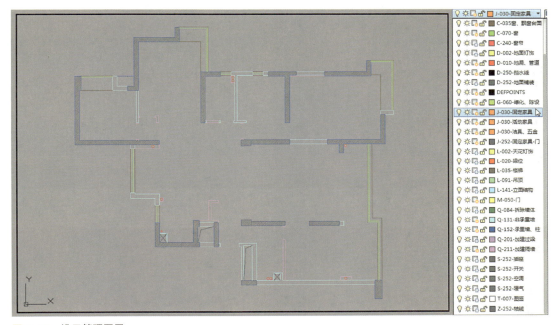

图 7-55 设置管理图层

三、绘制功能布置图形

功能平面布置的内容主要包括添加固定家具、活动家居和门等平面结构，可以按照类型依次绘制，也可以按照空间逐个添加布置。绘制过程中需要及时将所绘制的图形，准确归属在相应图层下。图 7-56 所示是平面图中的书房空间，以这个局部空间为例讲解绘图流程。

第一步，如图 7-57 所示，首先绘制固定家具，注意通过特性颜色的修改，区别柜体内外轮廓结构；然后绘制添加固定家具柜门，通过特性修改线型为虚线以示区分。

第二步，打开案例"图块"文件，找到相应的活动家具图块和门图块，跨文件复制到文件中，如图 7-58 所示。注意在复制图块后及时修改其归属图层。简单的家具和门图形可通过绘图与修改工具配合绘制完成。

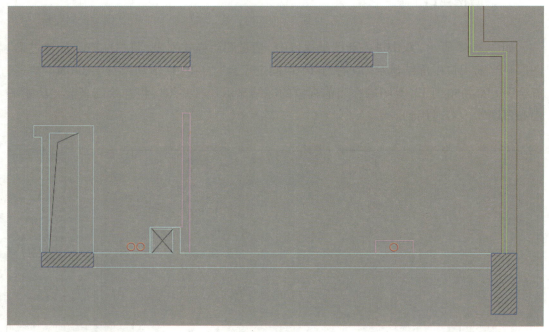

图 7-56　书房平面框架

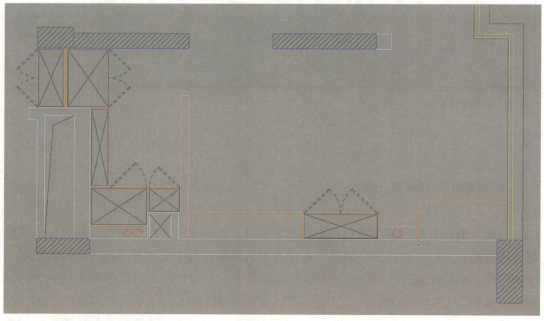

图 7-57　绘制固定家具及柜门

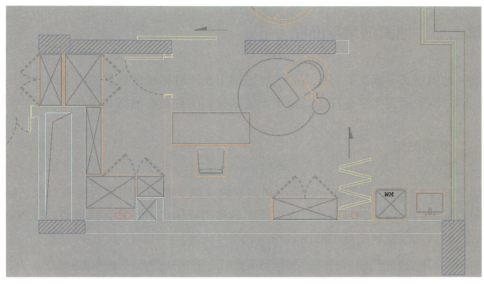

图 7-58 添加活动家具块，绘制门结构

按照同样的步骤，依次绘制完所有平面空间的功能布置图形，完成后的图纸如图 7-59 所示。最后回到布局空间，使用文字标注依次标注各功能空间名，完成整张图纸的绘制。

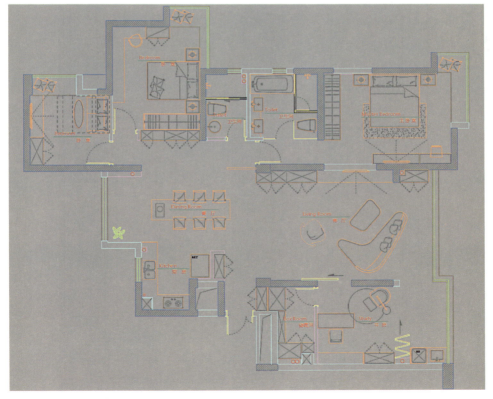

图 7-59 功能平面布置

第七节　地面铺装平面图

绘制地面铺装平面图，首先需要通过图案填充工具标示区分各室内空间地面的铺装材料；然后需要通过文字标注工具标示出铺装材料的种类、规格和面积。

一、复制图纸

如图 7-60 所示，选择前一节所绘制完成的功能平面布置图作为复制对象，除去功能空间名标注内容以外，将图框、视口及图名和图号标注内容复制并移动，得到新的图纸框架；然后修改复制图纸中的图名和图纸编号内容。

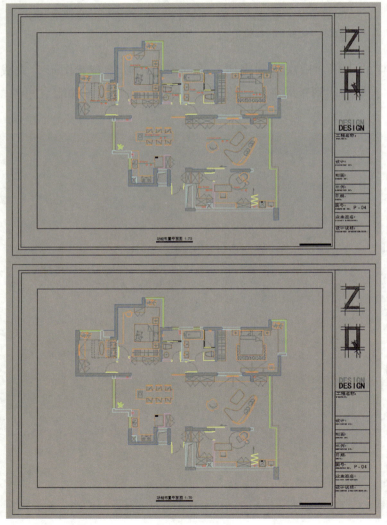

图 7-60　复制图纸

二、调整视口

如图 7-61 所示，双击进入新图纸视口，通过图层样式列表，将"J-030- 活动家具""J-030- 洁具五金""M-050- 门"等图层在当前视口中冻结显示；同时将"D-252-地面铺装"图层取消冻结显示，并置为当前图层。

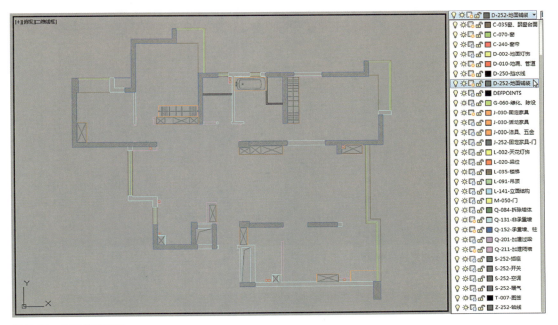

图 7-61　设置管理图层

三、绘制铺装材料填充图案

首先在平面图中添加绘制不同空间的材料铺装界线，主要是在各空间入口处，走廊一侧与客厅也有材料铺装的分界线。为填充铺装材料的图案形成封闭区域，绘制结果如图 7-62 所示，然后激活"填充"工具，分别拾取需要铺装地面材料的区域，根据铺装材料的类型选择适合比例的填充图案。

（一）卧室木地板的铺装

如图 7-63 所示，激活"填充"工具，拾取卧室地面的区域。选中的填充区域会以蓝色标亮显示。观察选中区域的完整性，确认选中的填充区域无误后，可如图 7-64 所示，在功能区的"图案样式列表"中找到并选择"DOLMIT"样式，作为卧室地面区域木地板材料的铺装图案；再设置其图案填充显示比例为"20"。在完成图案样式选择和显示比例设置后，按下【Enter】键即可完成该区域的铺装材料填充。

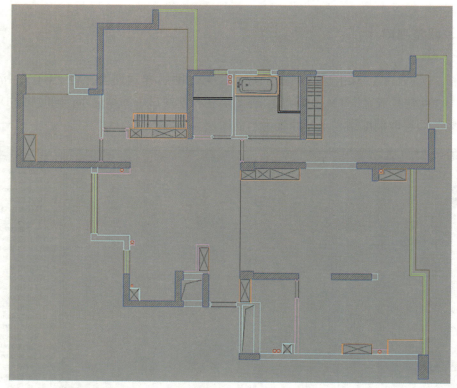

图 7-62　绘制材料铺装界线

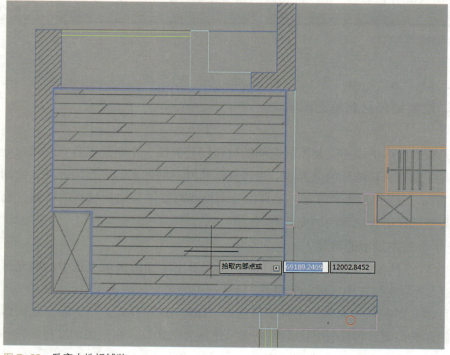

图 7-63　卧室木地板铺装

图 7-64　设置地板填充图案

　　然后如图 7-65 所示，分别拾取其余两间卧室的地面铺装区域，设置相同的图案样式与显示比例。注意通过设置功能区"特性"中的"角度"来区分木地板铺装的方向。

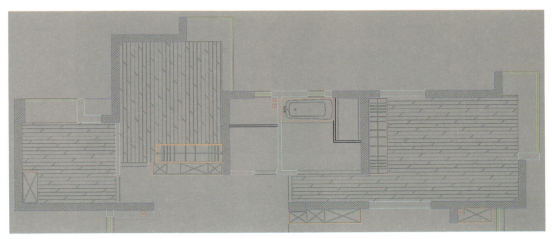

图 7-65　完成其余卧室木地板铺装

（二）卫生间与储藏间地砖的铺装

　　两个卫生间与书房储藏间的地面铺装均为方形地砖，铺贴规格非别为 600 mm × 600 mm 和 300 mm × 300 mm 两种。如图 7-66 所示，激活"填充"工具，拾取主卧卫生间干区地面的封闭区域。

　　然后如图 7-67 所示，在功能区的"图案样式列表"中找到并选择"USER"样式，作为干区地砖的铺装图案；在"特性"中修改图案填充显示比例为"600"。这时得到的填充图案显示为单向水平线段，且平行线段间距为 600 mm（图 7-66）。

　　为了进一步得到方形地砖铺贴图案的显示效果，还需在"特性"中找到并点击"交叉线"选项（图 7-67）；点击选项后，单向水平线段变为双向垂直的交叉线，且垂直与水平线段间距均为 600 mm（图 7-68）；最后点击功能区的"设定原点"选项，在绘图区捕捉选择整个填充选区右下角的端点为图案原点，调整铺装图案的起始位置（图 7-69）。

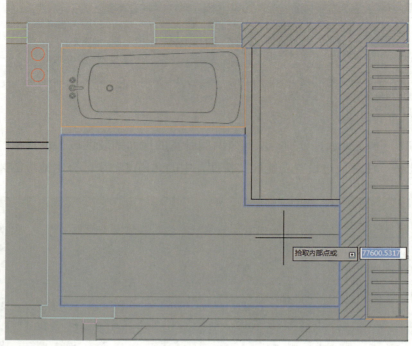

图 7-66　卫生间干区地砖铺装

图 7-67　红线框标示区中为"交叉线"选项，点击可在单向线与双向交叉线模式间切换

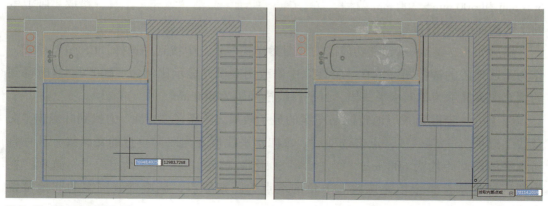

图 7-68　设置交叉线选项　　　　　　图 7-69　自定义填充图案原点

随后按照相同的步骤，分别完成另一卫生间和书房储藏间所有地面铺装的图案填充。注意不同铺装区域地砖的规格，修改图案填充的显示比例来区分。卫生间铺装图案填充的结果如图 7-70 所示。

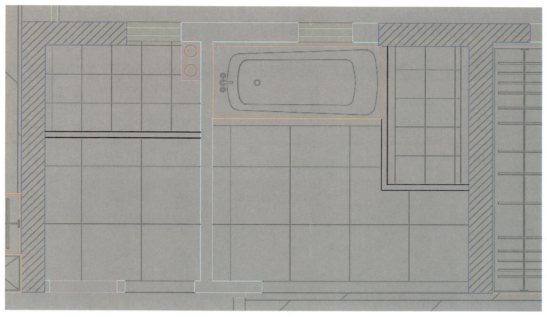

图 7-70　卫生间地砖铺装

（三）走廊、餐厅与厨房地砖的铺装

走廊、餐厅与厨房区域地面铺装的材料为 1200 mm × 600 mm 规格的长方形地砖，要得到标准尺寸的铺装图案，需要分两次进行选区填充，叠加图案才能得到。

如图 7-71 所示，首先激活"填充"工具，拾取走廊、餐厅和厨房的地面铺装区域；其次在功能区"图案样式列表"中找到并选择"USER"样式，修改其填充显示比例为"600"（图 7-72）；然后调整铺装图案的起始位置，点击"设定原点"选项，回到绘图区拾取整个填充选区右下角的

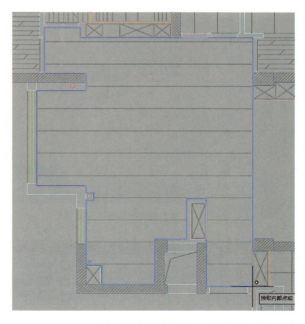

图 7-71　走廊、餐厅和厨房地砖铺贴，自定义填充图案原点

端点为原点，按下【Enter】键完成第一次图案填充（图7-71）。

如图7-73所示，拾取相同的地面区域进行第二次图案填充；通过功能区"图案样式列表"同样选择"USER"样式，设置填充显示比例为"1200"，注意将"特性"中的"角度"修改为"90"（图7-74）；最后调整铺装图案的起始位置，点击"设定原点"选项，在绘图区同样拾取填充区右下角端点为新的原点。

图7-72 设置地砖填充图案

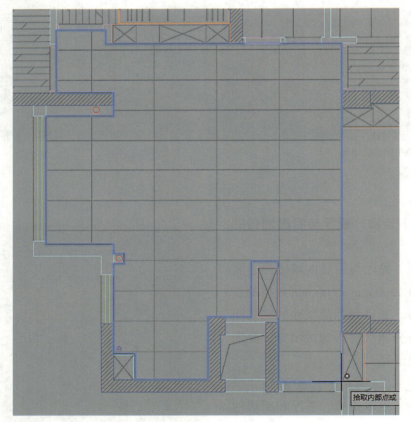

图7-73 相同区域再次图案填充

图7-74 再次设置地砖填充图案

通过两次的图案填充，分别得到水平和垂直两组平行线段图案，且间距分别为 600 mm 和 1200 mm。在选择了相同的原点后，两组线段图案交汇在一起，共同构成了 1200 mm × 600 mm 规格的长方形地砖的铺装效果。

（四）客厅、书房与阳台木地板的铺装

该区域的地面铺装材料为鱼骨纹实木地板，CAD 中并没提供与之相对应的填充图案样式，所以需要通过间接的方式来完成铺装图案的填充。

如图 7-75 所示，以走廊和客厅间的铺装材料分界线为起始位置，从左至右连续绘制间距为 700 mm 的相互平行的垂直直线。将整个铺装区域划分为多个等距的区域，然后逐个对这些区域填充图案。

如图 7-76 所示，激活填充工具，在功能区"图案样式列表"中找到选择"ANSI31"样式，设置其填充显示比例为"50"；回到绘图区，拾取最左侧的第一个铺装区应用预设的填充样式；点击"设定原点"选项，拾取选区右上角端点为原点，确定完成图案填充（图 7-77）。

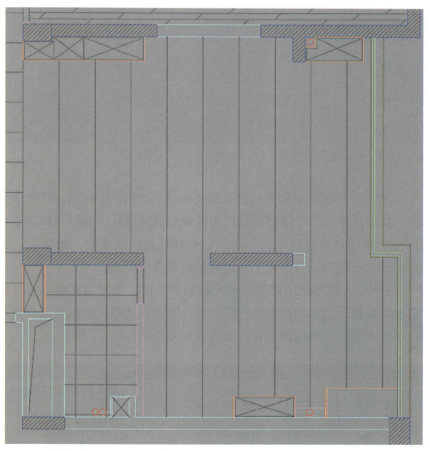

图 7-75　绘制等距平行的垂直直线

图 7-76　设置鱼骨纹木地板填充图案

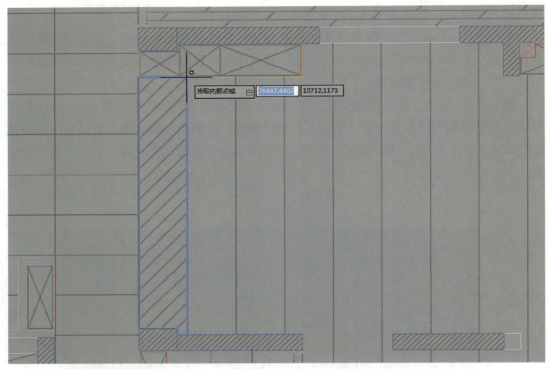

图 7-77　填充左侧第一块区域，并定位选区右上角端点为原点

　　如图 7-78 所示，再次沿用相同的填充样式和显示比例，但将"角度"修改为"90°"；回到绘图区，拾取图中第二个铺装区域应用预设的填充样式；通过"设定原点"选项，拾取该选区左上角端点为原点（图 7-79）。这样通过两次填充，绘制了一正一反两个相对铺贴方向的填充图案，并形成了一对完整的鱼骨纹构图。

　　如图 7-80 所示，交替使用前两次填充相同的操作，依次填充剩下的其他区域。注意通过"角度"设置保持两两相对的构图关系，同时在选取每个填充区的原点时，需保证处于同一水平线上。完成后的鱼骨纹地板铺装效果如图 7-81 所示。

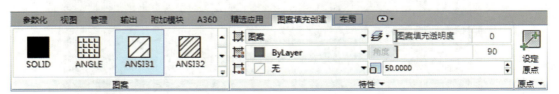

图 7-78　沿用相同样式与设置，只修改角度为 90°

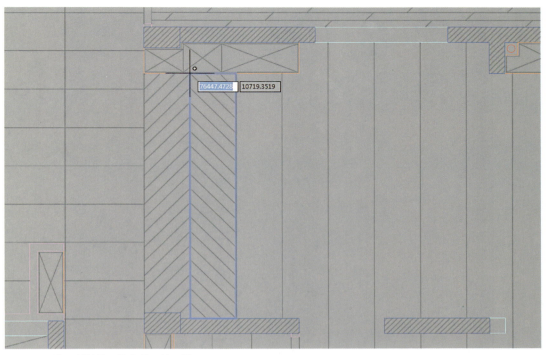

图 7-79　使用新的设置填充第二块区域

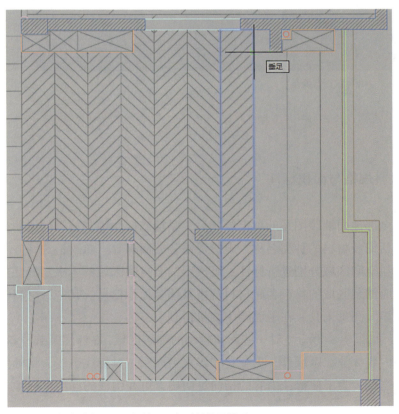

图 7-80　依次填充选区，保持两两相对的构图关系

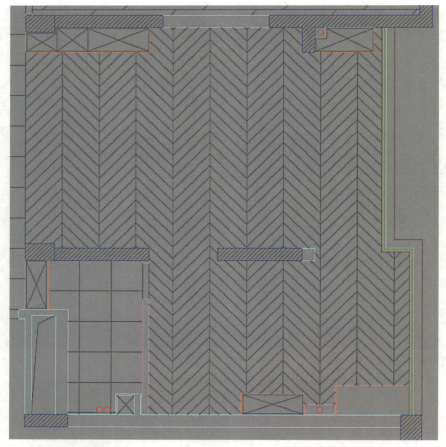

图 7-81   鱼骨纹图案填充

四、材料规格与面积标注

在完成全部地面铺装图案的填充绘制后，紧接着标注铺装材料的说明内容。标注的内容主要包括铺装材料的种类名称、规格及铺装的面积等。如图 7-82 和图 7-83 所示，按照铺装材料空间区域分别进行标注。可按照铺装空间区域的主次对标注内容编号，再依次标注相应铺装区域的材料名、材料规格及铺装面积信息。其中，材料铺装的面积可以使用"面积"测量工具，在平面图中测量得到。

★注意：如图 7-83 所示，对一些面积较小的铺装区域，在标注铺装材料说明内容时，可以将标注内容标注在区域外，再配合"多重引线"工具标注引线，将标注的内容指向对应的区域位置。为了使标注内容的指向更明确，可在引线的标注点标注与内容相同的编号。

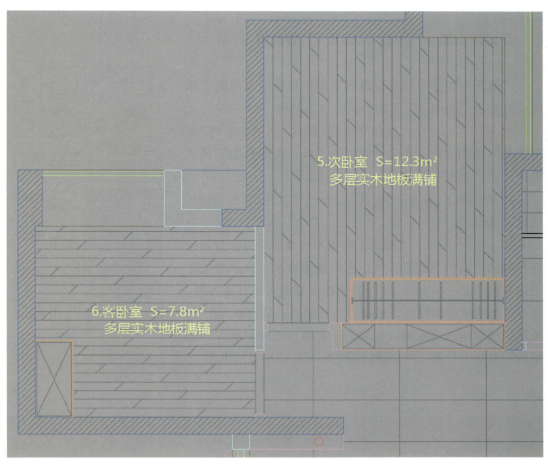

图 7-82　铺装材料说明标注 1

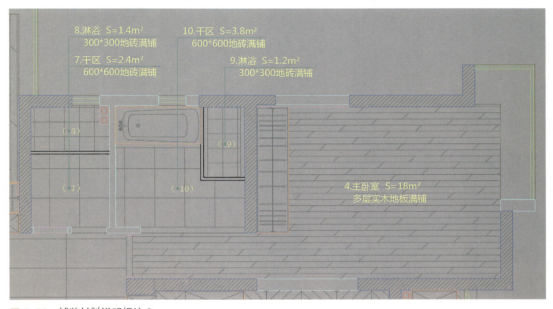

图 7-83　铺装材料说明标注 2

五、新工具——面积（AREA）的使用

"面积"测量工具可以准确测量出目标区域的面积和周长。激活"面积"工具的方式有以下两种：

① 如图 7-84 所示，通过功能区"默认"选项卡中的"实用工具"功能面板，点击"测量"工具；在展开的工具列表中选择"面积"工具。

② 通过输入"AA"，按下【Enter】键快速激活"面积"测量工具。

如图 7-85 所示，以测量主卧室木地板铺装面积为例，首先激活"面积"测量工具，然后按照提示，拾取测量区域边界的任意一端点为起点，接着沿顺逆时针的任意方向，逐一选择构成地面铺装区域边界的各端点。最后如图 7-86 所示，拾取构成地板铺装区域的所有端点后回到起点，选定的端点所围合的区域会通过绿色标记直观地显示出来。

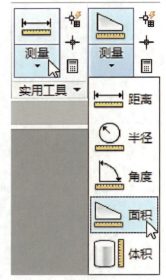

图 7-84 点击"面积"测量工具图标

图 7-85 测量主卧室木地板铺装面积

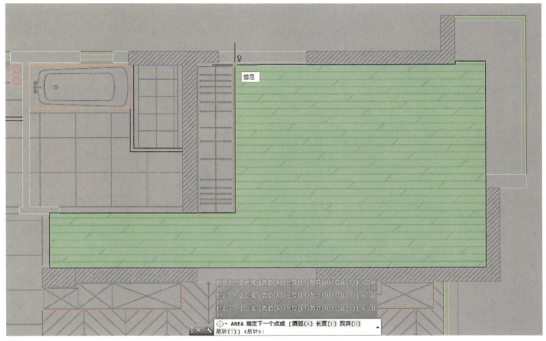

图 7-86　依次拾取边界端点围合测量区域

确认测量面积的区域选择无误后，按下【Enter】键确定以得到测量结果。如图 7-87 所示，确定后在光标旁会显示：区域 =17891840.0000，周长 =21888.0000。第一个数值是所选定区域的面积值，第二个数值为周长值。由于测量的单位为 mm，因而第一个面积数值四舍五入换算，得到的结果为 17.9 m²，约等于 18 m²。最后将测量换算的面积数值用于材料内容标注。

★ 注意：在使用"面积"测量工具前，必须先双击鼠标左键进入视口内空间，再依次拾取区域的端点。如未进入视口内而直接在布局空间中拾取端点，则最后确定得到的面积和周长数值会偏小。如图 7-88 所示，在布局空间直接选择主卧室铺装相同区域后，确定所得到的面积与周长分别仅为 3651.3959 mm² 和 312.6857 mm。这是由于视口内和布局中显示比例不同所造成的。

图 7-87　测量得到面积与周长

图 7-88　布局空间测得数值偏小

第 八 章

AutoCAD 室内吊顶图、立面图绘制

第一节　吊顶结构平面图

在吊顶平面图纸中，需要准确绘制出设计空间吊顶的结构尺度，并同时标绘出灯具和其他安装在吊顶结构上的设备。

一、复制图纸

将在第七章绘制完成的地面铺装平面图的图框、视口、图名与图号标注选中并复制移动，得到新的图纸框架；修改图名和图纸编号内容。

二、调整视口

如图 8-1 所示，双击进入复制得到的新视口内，通过图层样式列表，将"D-250- 挡水线""D-252-地面铺装""J-030- 固定家具"等图层在当前视口冻结显示；取消"L-002- 天花灯饰""L-091- 吊顶""S-252- 空调"等图层的冻结设置，这些图层都是绘制吊顶结构平面图时需要用到的图层。

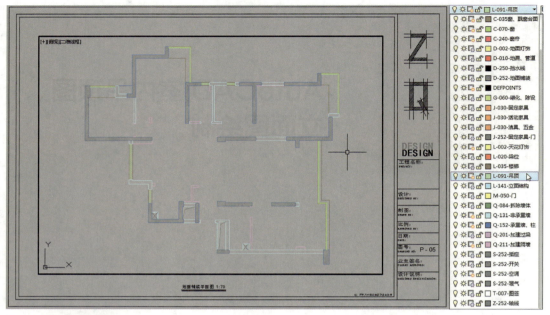

图 8-1　设置管理图层

三、绘制吊顶结构平面图

（一）绘制吊顶结构

将"吊顶"图层选择置为当前图层；如图 8-2 和图 8-3 所示，根据设计方案，在平面图中分区域添加绘制出吊顶的各结构轮廓线段。

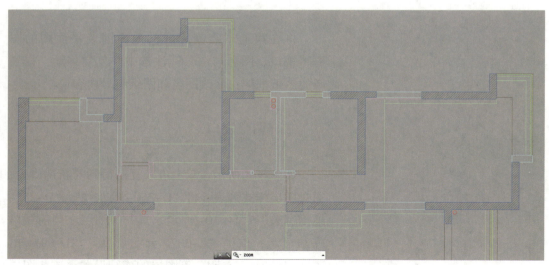

图 8-2　卧室、走廊、卫生间吊顶结构

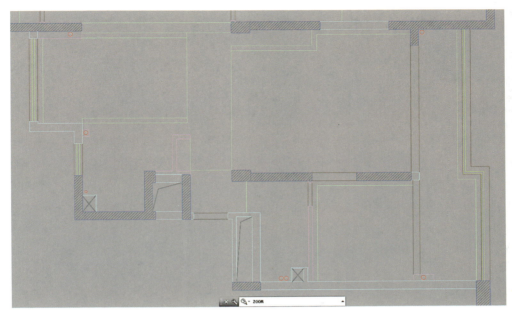

图 8-3　客厅、餐厅、书房等吊顶结构

（二）绘制吊顶灯具

通过导入图块的方式添加吊顶安装的灯具。打开本书提供的案例图块文件，找到相关灯具图块进行跨文件的复制与粘贴；然后通过中点定位的方式进行布置。需要添加绘制的灯具种类：吊灯、吸顶灯、壁灯、各类射灯及吊顶结构内藏的 LED 灯带。完成后的部分内容如图 8-4 和图 8-5 所示。

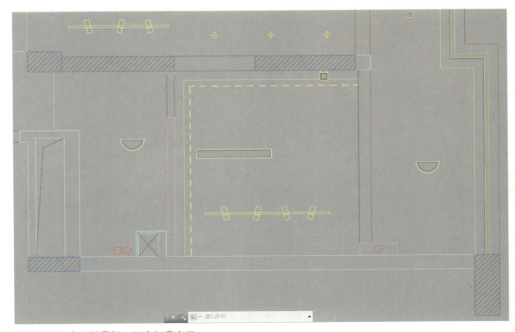

图 8-4　书房、储藏间、阳台灯具布置

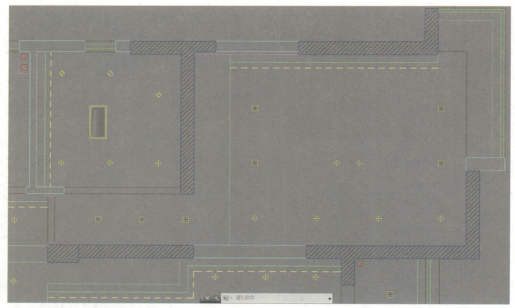

图 8-5 主卧、卫生间灯具布置

★**注意**：粘贴导入灯具图块后需及时更换图块的图层为"L-002- 天花灯饰"。同一种类的灯具采用相同的灯具图块统一表示。

（三）绘制其他设备

按空间在餐厅、走廊、卧室分别添加中央空调设备和窗帘图块，如图 8-6 和图 8-7注意区分空调出风口和回风口的位置。

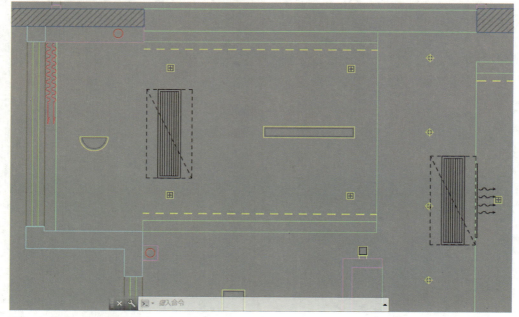

图 8-6 餐厅、走廊空调布置

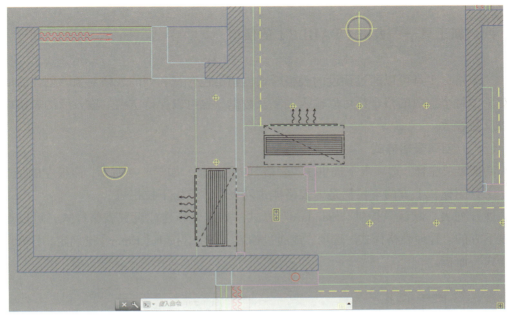

图 8-7　卧室空调布置

（四）绘制灯具设备图例表

最后回到布局空间中，通过"表格"工具在图纸左下方绘制表格。表格分三列，第一列为编号，第二列添加灯具和设施图形，最后一列标注图形对应的名称。图 8-8 为绘制完成的吊顶结构平面图。

图 8-8　吊顶结构平面图

四、新工具——表格（TABLE）的使用

"表格"工具可以通过预设的表格样式创建出包含行和列的表格对象。创建后的表格对象中每个空白的格子都可以输入文字及数据，也可以保持空白。输入后的表格内容可以反复修改。

（一）创建表格样式

功能区"注释"选项卡下提供了"表格"功能面板。如图 8-9 所示，面板左侧是"表格"工具图标，上方的下拉栏是"表格样式列表"。点击下拉栏可

展开列表，默认只提供"Standard"样式。如需要新建或设置表格样式，可以点击列表下方的"管理表格样式"选项，或通过输入"TS"，按下【Enter】键确定，打开"表格样式"面板。

图 8-9　表格功能面板

"表格样式"面板如图 8-10 所示，左侧是表格样式列表，右侧为预览图与设置按钮。点击"新建（N）"按钮，可打开"创建新样式"面板，更改样式名和选择基础样式后，点击"继续"进入"表格特性"修改面板，如图 8-11 所示，可分别设置表格的各项特性。完成设置后点击面板下方的"确定"按钮即可完成样式创建。

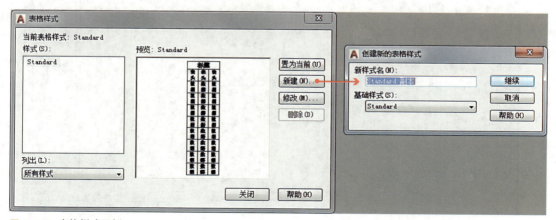

图 8-10　表格样式面板

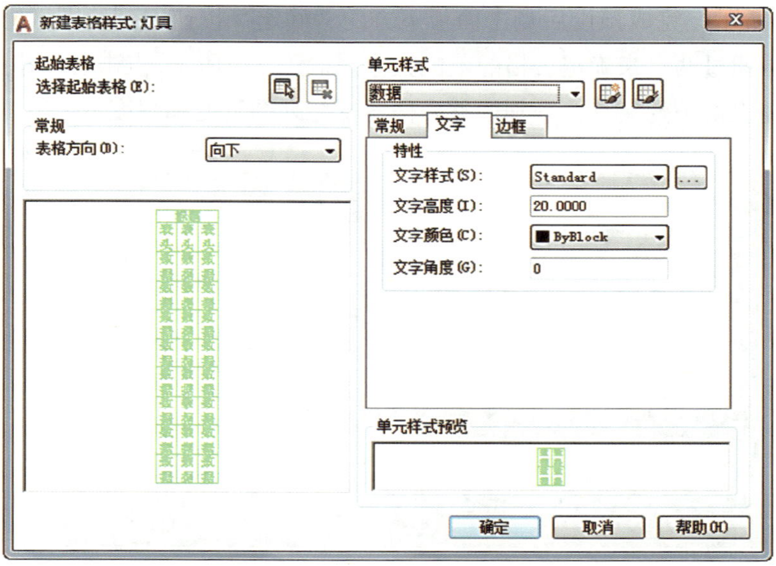

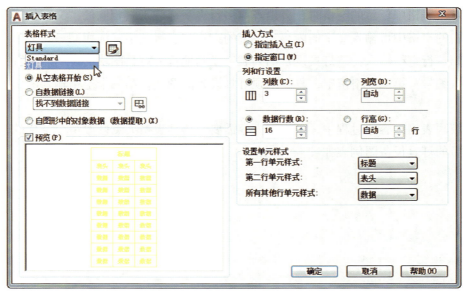

图 8-11　表格特性修改面板

（二）创建表格

点击功能区表格功能面板左侧的"表格"工具图标（图 8-9），或通过输入"TB"，按下【Enter】键确定激活"插入表格"设置面板；如图 8-12 所示，在打开的设置面板中，可以选择表格样式，设置表格的行数与列数，还可以通过"设置单元样式"设置表格单元的结构。

图 8-12　插入表格设置面板

如图 8-13 所示，完成预设后点击面板下方的"确定"按钮回到绘图区，在图纸中选择适合的区域通过两点来确定表格的范围大小。如图 8-14 所示，点击已创建好的表格，还可拾取并移动表格中的夹点，分别调整表格各行与列的宽度和高度。

图 8-13　确定表格范围　　　　　　　　　　　　　　　　　　　图 8-14　调整表格

点击表格中任意的空格时，会出现与多行文字标注工具相同的"文字格式"面板。在点击的空格中可输入文字的内容，设置的方式与多行文字标注相同。如图 8-15 所示，点击第一行空格输入："灯具设备图列表"，其他行为灯具图块的说明。每行第一个空格输入编号；第二空格留空，复制吊顶灯具设备的图例；第三个空格输入图例的灯具设备名。

填写表格内容的过程中，可根据内容需要，移动表格夹点修改每个空格的长与宽。完成后的灯具设备图例表如图 8-16 所示。

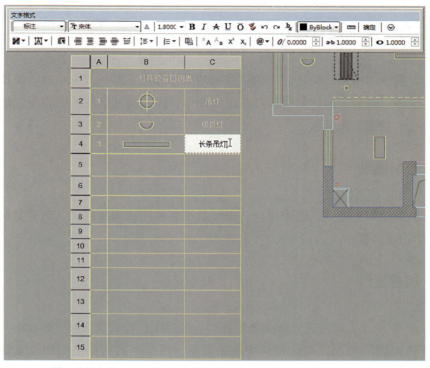

图 8-15　输入表格内容

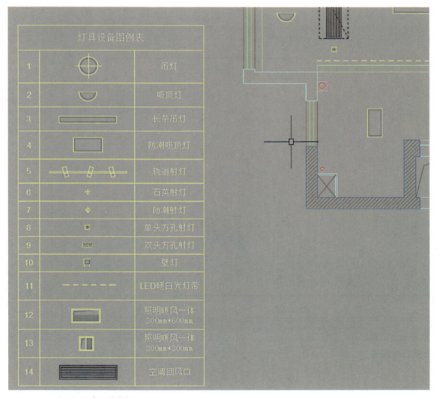

图 8-16　灯具设备图例表

第二节　吊顶尺寸示意图

设计方案中的吊顶结构还需要提供准确的尺寸标注。上一节所绘制的吊顶结构平面图纸内容较多，集合了吊顶结构和灯具设施图形，因此尺寸标注的内容可以通过单独的"吊顶尺寸示意图"来标示。

一、复制图纸

复制吊顶结构平面图，选中视口、图框及图名和图纸编号标注，向右复制移动创建一个新的图纸框架。

二、调整视口

如图 8-17 所示，双击进入新图纸的视口，通过图层样式列表将"L-002- 天花灯饰"和"S-252- 空调"图层在当前视口中冻结显示；然后回到布局空间修改复制的图名和图纸编号内容。

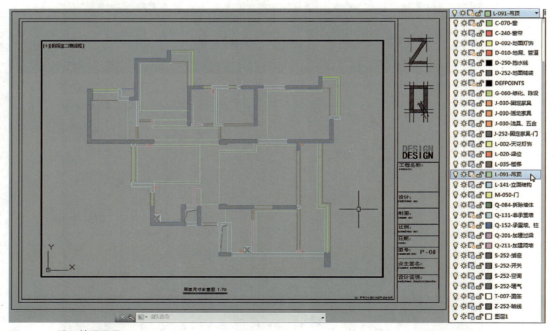

图 8-17　设置管理图层

三、尺寸标注

选择"平面标注"作为标注样式，如图 8-18 和图 8-19 所示进行吊顶结构的标注。标注前可预先规划好标注的位置，尽量按照"标注原则"进行整齐统一的标注。标注时，可集中标注走廊垂直方向及餐厅、走廊、客厅和阳台水平方向的结构尺寸，保持标注内容在同一水平位置；然后再标注其他吊顶结构位置的尺寸。最后完成的标注图如图 8-20 所示。

图 8-18　走廊、客厅、餐厅吊顶尺寸标注

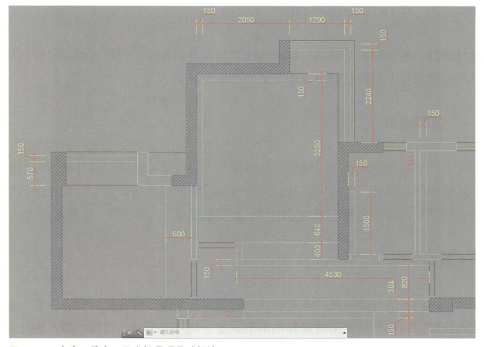

图 8-19　走廊、卧室、卫生间吊顶尺寸标注

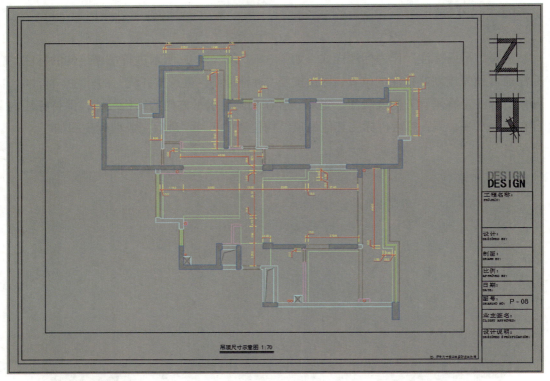

图 8-20　吊顶尺寸示意图

第三节　吊顶材料示意图

通过绘制"地面铺装平面图"标示地面铺装材料的种类、规格等内容，而吊顶结构的材料内容则通过"吊顶材料示意图"集中标示。

一、复制图纸

打开上一节绘制完成的"吊顶尺寸示意图"，将尺寸标注内容以外的所有图纸内容选中，复制并向右移动，生成一张新的图纸框架。新图纸的视口无须设置更改图层的冻结显示，只需要修改图名和图纸编号内容。复制的图纸框架如图 8-21 所示。

二、材料标注

吊顶材料内容的标注需要"多重引线"和"多行文字"标注工具配合完成。通常材料标注内容较多，在平面框架内部容纳不下，也会遮挡住吊顶的结构线段，因此最好不要直接标注在平面框架的内部。

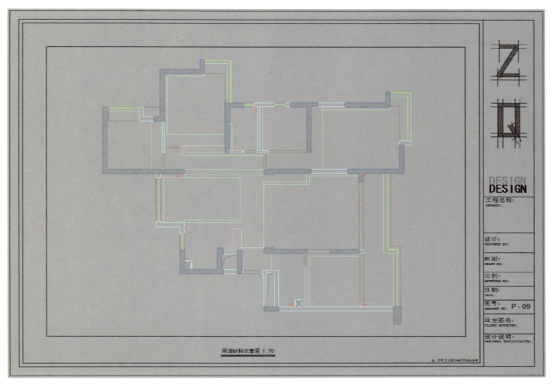

图 8-21　复制图纸框架

　　如图 8-22 ~ 图 8-24 所示，首先使用引线标注工具标记指向位置，引线的末端预留文字标注的空间；然后使用文字标注工具在引线上标注指向位置的材料内容。内容包括标注点位置吊顶的"结构材料"和"装饰材料"的名称。

图 8-22　走廊吊顶材料标注

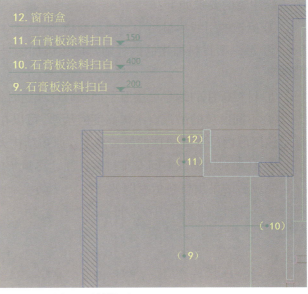

图 8-23　卧室吊顶材料标注

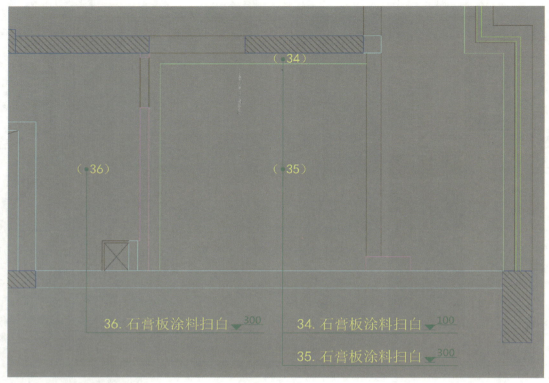

图 8-24　书房、储藏间吊顶材料标注

三、标注要求

标注时的要求如下：

① 标记的引线尽量集中，减少交错。

② 每一项材料标注的内容前都应该添加编号，同时对应的标注点位置也添加相同的编号。

③ 材料标注的编号可按照平面顺时针或逆时针的方向排列，以方便查找。

④ 不同区域的吊顶有结构高度的落差，可以在每项材料标注后，添加标高符号内容，标示该区域内吊顶离原顶的吊装高度。原顶结构无须添加该内容。

⑤ 合理利用图纸空间安排材料标注，尽量集中标注。

完成后的吊顶材料示意图如图 8-25 所示。

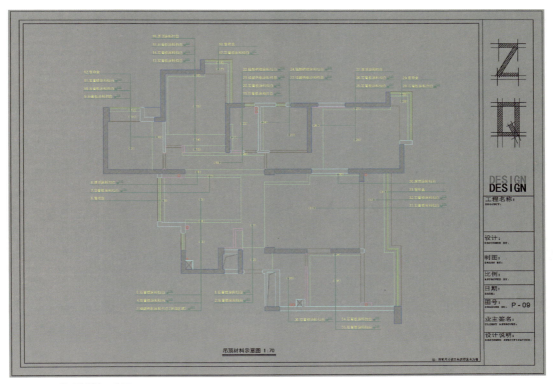

图 8-25　吊顶材料示意图

第四节　灯具尺寸定位图

吊顶结构上灯具的安装定位尺寸，可在"灯具尺寸定位图"中标注，以避免和吊顶尺寸标注及材料标注内容相互干扰。

一、复制图纸

首先打开上一节绘制的"吊顶材料示意图"，除材料标注部分外全部复制，得到新的图纸框架；如图 8-26 所示，修改图名和图纸编号标注后，双击鼠标左键进入新图纸的视口；通过图层样式列表激活"L-002- 天花灯饰"图层在当前视口中显示，然后退出视口回到布局空间中进行灯具定位尺寸的标注。

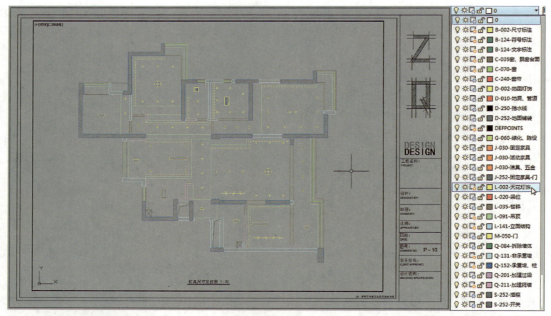

图 8-26　设置管理图层

二、尺寸标注

　　在标注样式列表中选择"平面标注"样式进行标注。如图 8-27 ~ 图 8-29 所示，逐个空间就近标注吊顶灯具中心定位距离。标注时注意合理利用图纸空间，有条理地统一标注。

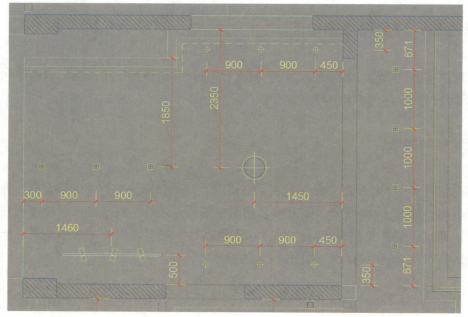

图 8-27　客厅、阳台灯具定位

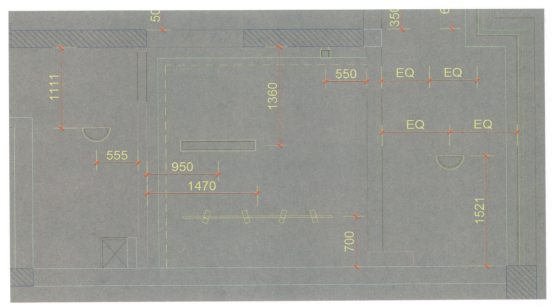

图 8-28　书房灯具定位

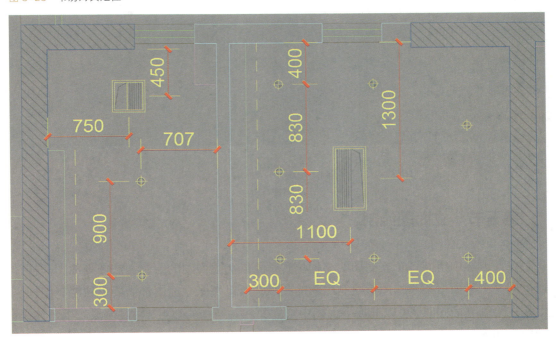

图 8-29　卫生间灯具定位

完成标注后的灯具尺寸定位图如图 8-30 所示。

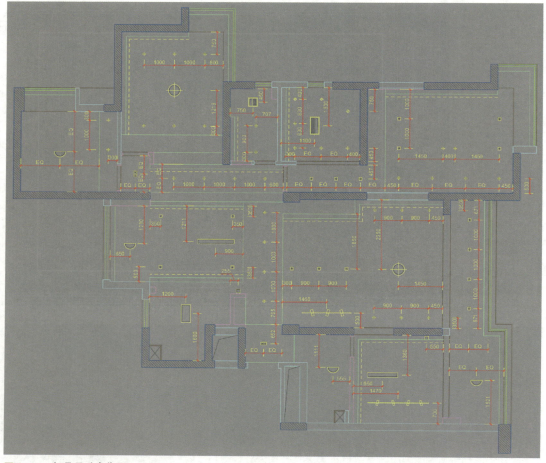

图 8-30　灯具尺寸定位图

第五节　立面图绘制

设计方案中空间各个立面图的结构位置都不同，立面图的绘制无法像平面图一样，通过同一个平面框架添加图形绘制出新的图纸，所以每张立面图都需要单独绘制结构。但是在绘制立面图时，可以捕捉平面图中与立面相关结构的端点，通过端点产生延伸线，辅助立面图垂直方向结构线段的确定。

一、裁剪平面

（一）设置显示图层

在开始绘制立面图之前，首先通过已经绘制的平面图制作局部图块。进入模型空间，如图 8-31 所示，通过图层样式列表将"D-252-地面铺装""L-002-天花灯饰""L-020-

梁位"等图层的显示关闭。保留墙体框架、门窗和家具布置等功能布置平面图内容。

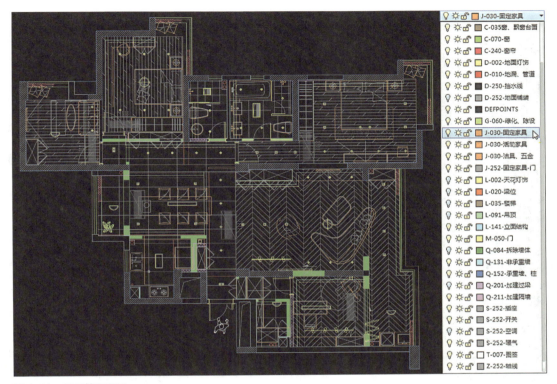

图 8-31　设置管理图层

（二）复制平面图

如图 8-32 所示，选中剩余可见的平面功能布置图图形，复制并移动。

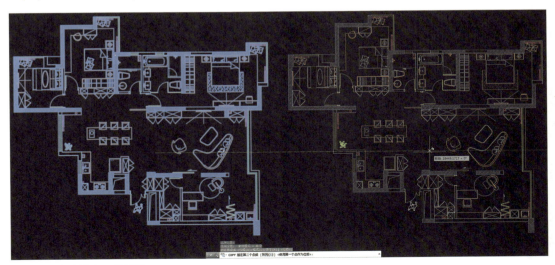

图 8-32　复制全部可见图形

（三）创建平面块

如图 8-33 所示，通过"定义块"工具将复制的图形转换为"平面"块。

图 8-33　将复制平面图创建为块

（四）激活"裁剪块"工具并设置

输入"XC"，按下【Enter】键确定，激活"裁剪块（XCLIP）"工具；如图 8-34 所示，选择新创建的"平面"块为裁剪对象并单击鼠标右键确定，接着按照提示，首先选择"新建边界（N）"选项；然后选择"矩形（R）"选项，通过矩形的裁剪区框选出裁剪的区域（图 8-35）。

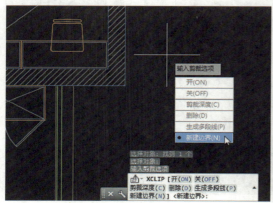

图 8-34　选择"新建边界（N）"选项

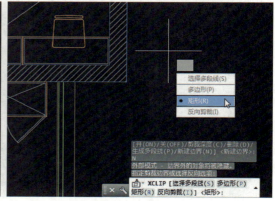

图 8-35　选择"矩形（R）"选项

（五）裁剪图块

如图8-36所示，通过矩形裁剪区框选出平面块中电视背景墙的局部，确定裁剪区后结果如图8-37所示，只显示出裁剪区边界和裁剪区内的图形。

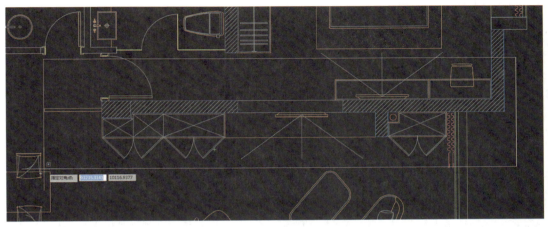

图 8-36　框选目标裁剪区域

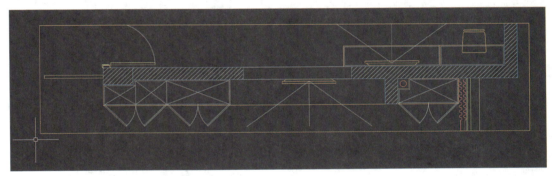

图 8-37　只显示裁剪区内的图形

（六）修改裁剪块

裁剪后的图块其裁剪区外的图形并未被删除，只是被暂时隐藏。通过调整裁剪区边界的大小，可增加或减少图块内容的显示。如图8-38所示，先选中该裁剪块，拾取裁剪区边界四角的夹点，通过移动夹点调整裁剪区边界的范围。

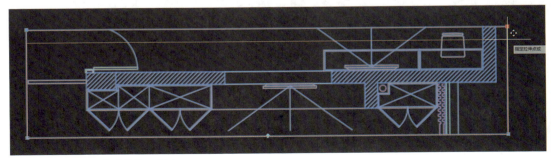

图 8-38　通过夹点修改裁剪区范围

二、绘制电视背景墙立面

（一）墙体和吊顶结构

在裁剪好的平面块上方绘制立面的墙体和吊顶结构。首先根据平面确定好立面剖切位置的结构关系，立面水平方向的结构主要通过线段偏移来确定，同时通过裁剪块捕捉端点，再向上引出垂直的延伸线，帮助定位立面竖向的结构。

如图 8-39 所示，以绘制阳台门洞竖向墙结构线为例，激活"直线"工具后，先在下方裁剪块中捕捉平面门洞墙结构上对应的端点，并向上引出垂直的延伸线，使延伸线与立面图的地面结构线相交；在交点位置确定墙结构第一点，然后继续垂直向上捕捉并确定第二点完成墙结构绘制（图 8-40）。

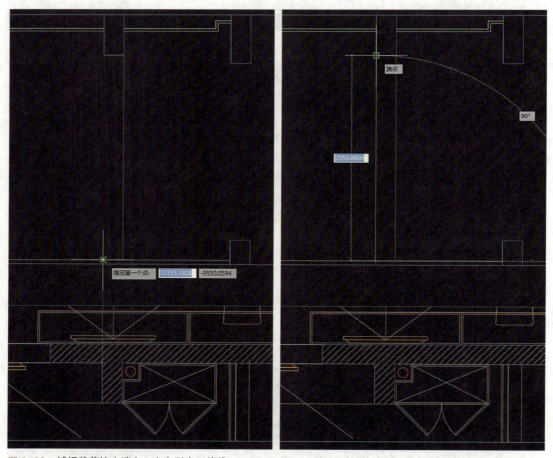

图 8-39　捕捉裁剪块中端点，向上引出延伸线　　　图 8-40　通过延伸线交点确定垂直结构线段

如图 8-41 所示，通过水平与垂直方向结构线段的结合，经过修剪后完成立面墙体和吊顶结构的绘制。

图 8-41 立面墙体和吊顶结构

（二）立面墙体其他结构绘制

在立面墙体和吊顶结构基础上继续添加绘制柜体、电视背景、隔断等结构。绘制过程继续捕捉裁剪平面块中的端点引出延伸线，通过垂直向上的延伸线与立面结构中水平的结构线段相交，辅助确定垂直的结构。

如图 8-42 所示，以绘制立面柜门垂直结构线为例，激活"直线"工具，捕捉裁剪块中对应门结构的端点，向上引出垂直的延伸线，与立面柜体水平的结构线相交；在交点处确定线段第一点后，垂直向上通过延伸线与柜体顶部结构线段相交并确定第二点，这样便完成柜门垂直结构线段的绘制（图 8-43）。

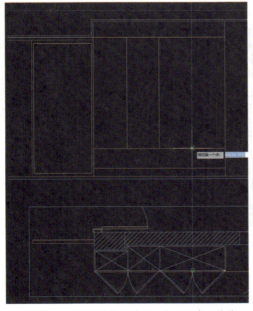

图 8-42 继续捕捉裁剪块端点，向上引出延伸线

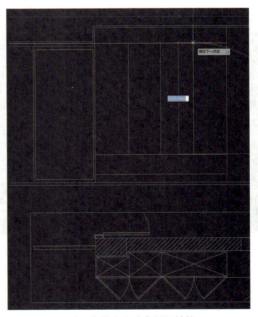

图 8-43 通过延伸线交点确定柜门结构

以相同的方式，通过结合水平与垂直两个方向的结构线段，继续绘制并修剪完成剩余立面的框架结构，完成后的立面框架结构如图 8-44 所示。

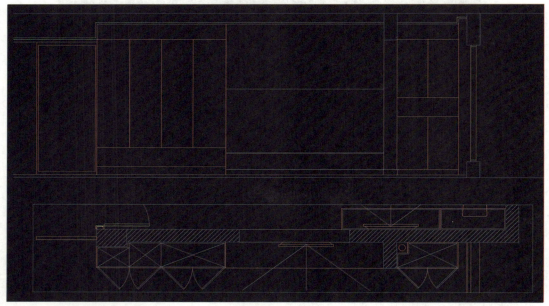

图 8-44　立面框架结构

（三）添加并完善立面结构细节

立面结构细节的绘制一般无法直接借助平面端点来确定，大多依靠独立绘制。如图 8-45 所示，从左至右进一步绘制隔断结构、柜体结构、电视背景与窗户的结构细节；最后还需要添加示意柜门开启方向与中空结构的符号线段。

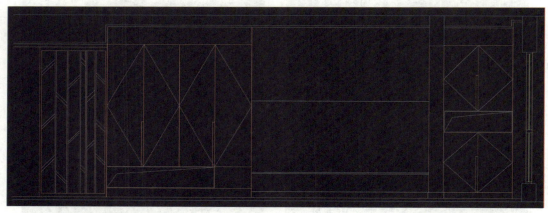

图 8-45　完善立面结构细节

三、创建立面图纸框架

（一）复制图框

回到布局空间，选择一个已绘制好的平面图，将其图框、图名与图纸编号复制并移动，创建出一个新的图纸框架。

（二）创建立面视口

如图 8-46 所示，在复制的图框中创建一个新的立面视口，大小符合电视背景墙立面图的长宽比例；双击进入该新建视口，通过平移和缩放将模型空间中绘制的电视背景墙立面图显示在视口范围内。

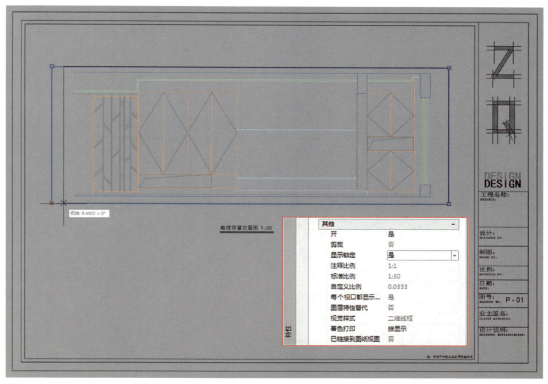

图 8-46　创建立面视口并调整显示比例

退出视口，通过特性面板将该立面视口显示比例修改为"1 ：30"，调整视口显示内容后将视口的显示锁定。

（三）创建平面视口

在图纸立面视口下方再创建一个平面视口，用于显示与立面结构对应的局部平面图。

如图 8-47 所示，复制"功能布置平面图"中的视口；选中复制的视口，通过特性面板修改其显示比例为"1 ：30"；这时视口显示的内容会超出边界，双击鼠标左键进入视口，通过平移将电视背景墙区域移至视口范围内，退出视口并锁定视口的显示。

图 8-47　创建局部平面视口

　　如图 8-48 所示，选中视口，拾取视口边框的夹点并移动，调整视口的显示范围。让视口只显示电视背景墙的局部范围。

　　最后将调整好显示比例与范围的视口移动至电视背景立面视口下方。如图 8-49 所示，通过端点延伸线将平面视口与立面视口上下对齐，使平、立面图中对应的结构点能上下对齐。

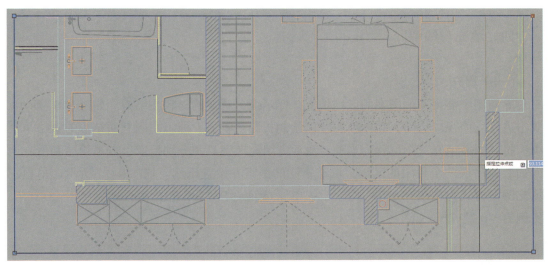

图 8-48 修改平面视口显示范围

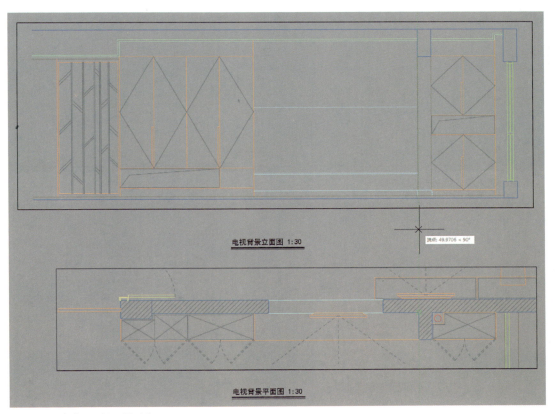

图 8-49 移动平面视口并对齐

四、填充与线型

（一）填充

立面图中需要通过图案的区域填充，标示区分特定的材料或结构。如图 8–50 所示，双击进入立面视口空间，在立面图左侧绘制折断线符号，标示左侧立面结构的省略与延续；将"图案填充"图层置为当前，激活"填充"工具，分别拾取上方吊顶层和下方地面铺装找平层两个封闭的区域，填充不同的图案并设置比例。如图 8–51 所示，吊顶层填充图案样式为"AR–SAND"，比例为"2"，铺装找平层填充图案样式为"AR–CONC"，比例为"0.7"。

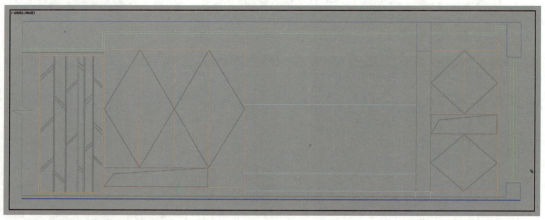

图 8–50　进入视口绘制折断线符号

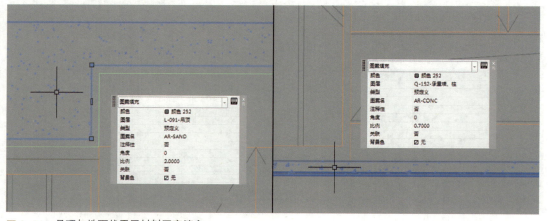

图 8–51　吊顶与地面找平层材料图案填充

如图 8–52 所示，再拾取立面图右侧剖切墙体区域，设置图案样式为"JIS_WOOD"，比例为"80"。

（二）导入图块

如图 8-53 所示，从"图块"文件中找到并导入电视机、窗帘立面图块，丰富电视背景立面图，并根据空间位置调整图块比例。

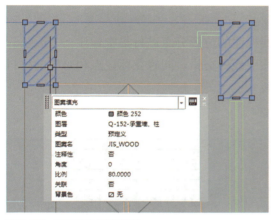

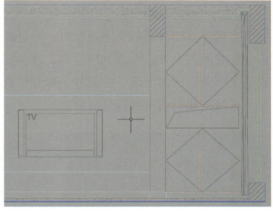

图 8-52　剖切墙体图案填充　　　　　　　图 8-53　导入布置立面图块

（三）设置线型

如图 8-54 所示，选中导入的电视机与窗帘图块，通过图层特性修改线型为"JIS_02_0.7"，通过特性面板修改其线型比例为"3"。

图 8-54　修改部分线段特性

五、文字与尺寸标注

调整平面、立面视口后，回到布局空间继续完成立面结构尺寸和材料说明内容的标注。

（一）结构尺寸标注

立面图结构的标注也可选择"平面标注"样式完成，如果比例不适合，也可创建一个立面标注专用的样式。一般集中就近标注在立面图的两侧和下方，尽量不遮盖内部结构。最后还要配合标高符号标注出室内地平面。

（二）材料文字标注

在标注立面材料的文字说明时，根据需要标注的位置分组进行集中标注。一般统一标注在立面图上方，合理利用空间，减少标注引线的交错。同时在标记点和对应的材料说明文字前，应加上统一的编号，以方便查找。

标注完成后的电视背景立面如图 8-55 所示。

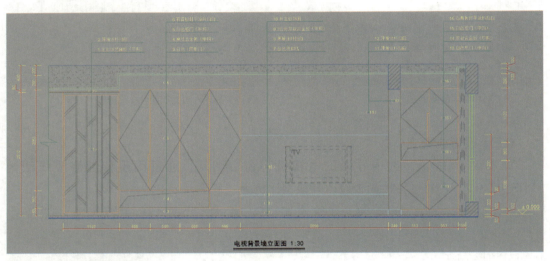

图 8-55　标注电视背景立面图

六、其他立面绘制

立面图的绘制流程基本都是相同的，但依照不同位置的立面结构，图纸的内容构成会有一些区别。

（一）走廊立面图

第一步，进入模型空间，复制上一张立面图所创建的平面裁剪块；如图 8-56 所示，选中复制的裁剪块，拾取并移动裁剪区边界的夹点，修改裁剪块的显示范围，调整为显示走廊墙体的区域。

第二步，如图 8-57 所示，在调整后的裁剪图块上方绘制走廊立面墙体框架。借助捕捉平面裁剪块中的结构端点，向上引出垂直延伸线，辅助立面图绘制。

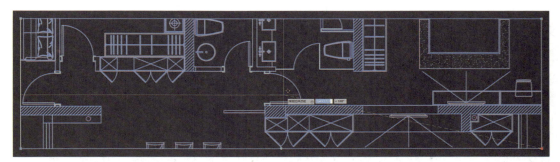

图 8-56　修改复制裁剪块的显示范围

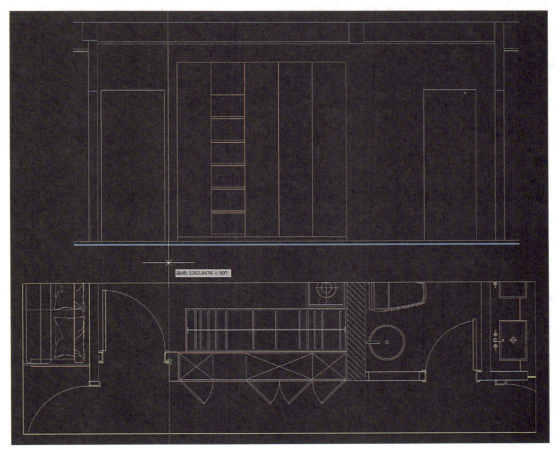

图 8-57　借助裁剪块绘制走廊墙体立面结构

　　第三步，在走廊立面墙体框架的基础上，继续绘制完善柜体和门结构细节；在立面墙体两侧添加折断线符号；绘制房门、柜门的开启方向符号线段，并添加柜体结构的中空标识符号。

　　第四步，分区域完成材料图案的填充，注意区分填充样式和设置适合的显示比例；从"图块"文件中复制导入装饰画和门把手图块。

　　完成后的立面图如图 8-58 所示。

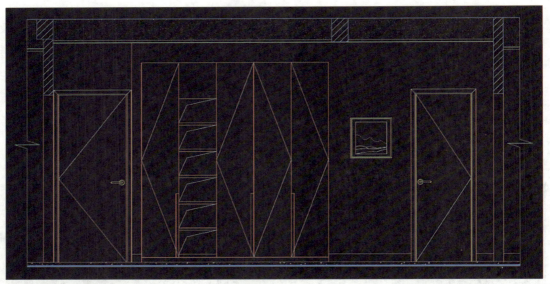

图 8-58　走廊立面

★**注意**：图案填充和导入图块可在模型空间中完成，也可通过布局空间双击进入相应视口来完成。

第五步，如图 8-59 所示，回到布局空间复制一个新图框，并在图框中分别新建走廊墙立面和局部平面视口；通过特性调整视口的显示范围、比例；调整两个视口中的图

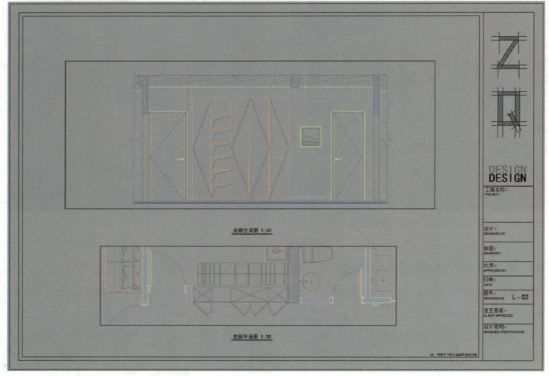

图 8-59　复制图框创建立面与局部平面视口

形结构的相对位置，保持上下结构点的对齐。

第六步，双击进入立面视口，分别设置房门、柜门开启方向符号线段的线型和线型比例，以区别房门、柜门的内外开启方向。

最后，如图 8-60 所示，在布局空间围绕立面视口，分别完成结构尺寸标注和材料文字标注。

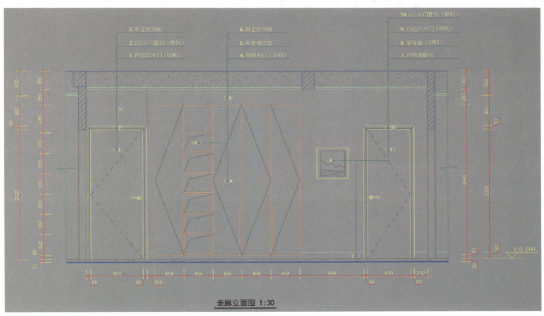

图 8-60 标注走廊立面

（二）主卧立面图

主卧立面图包括"床背景立面图"和"衣柜立面图"两张图纸。

在绘制卧室衣柜立面图的过程中，可以在同一个立面框架基础上分别绘制出"衣柜门"和"衣柜内结构"两个立面。

如图 8-61 所示，先绘制完成除衣柜结构外的其他立面结构。然后将完成的立面复制移动，在其中一个立面中绘制柜体结构并添加物品图块；而另一个则绘制出柜门结构并完成材料与结构的填充标示；绘制完成后的立面如图 8-62 所示。

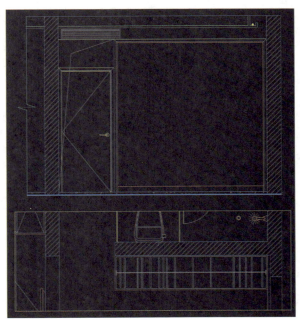

图 8-61 结合裁剪块绘制卧室衣柜墙立面

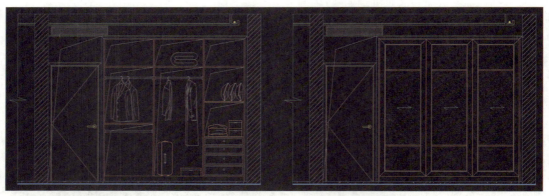

图 8-62　复制立面并分别完成"衣柜内结构"和"衣柜门"

　　如图 8-63 所示，回到布局空间，复制图框并在图框内创建两个新立面视口，调整视口显示比例和范围，分别显示"衣柜门"和"衣柜内结构"立面；再创建一个平面视口，用于显示对应的主卧衣柜局部平面。

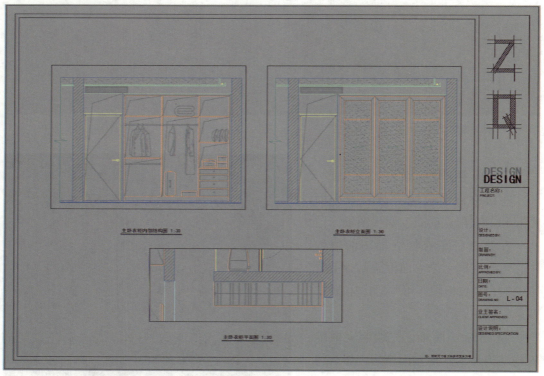

图 8-63　复制图框创建两个立面与局部平面视口

　　如图 8-64 所示，在布局空间完成立面结构尺寸标注和材料说明文字标注的内容。

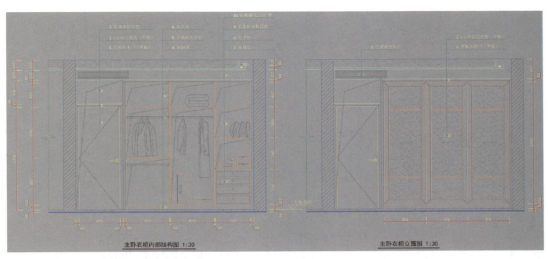

图 8-64 标注衣柜内结构立面和衣柜门立面

（三）主卫生间立面

一般的卫生间立面宽度较小，所以在绘制时可将三个相邻的立面展开组成一个立面图。这种方式可以充分利用图纸的空间。

绘制时通常按照空间朝向逐一绘制。当部分立面与平面裁剪块朝向不一致时，可先使用旋转工具将块旋转后，再调整裁剪范围继续绘制。

图 8-65 所示为主卫入口左侧立面，与之对应的裁剪块先顺时针旋转 90°，然后调整裁剪范围，为立面绘制提供辅助。

如图 8-66 所示，在绘制完主卫左侧立面后，将裁剪块逆时针旋转 90°，调整裁剪范围后，将裁剪块与立面位置对齐；然后继续绘制相邻的第二个立面。

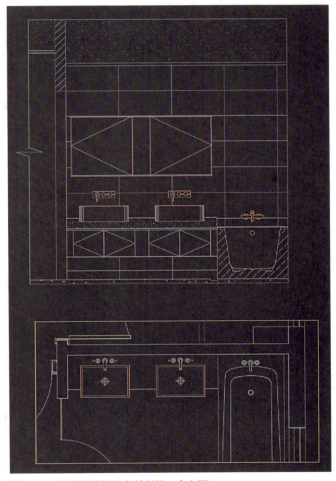

图 8-65 调整裁剪块方向绘制第一个立面

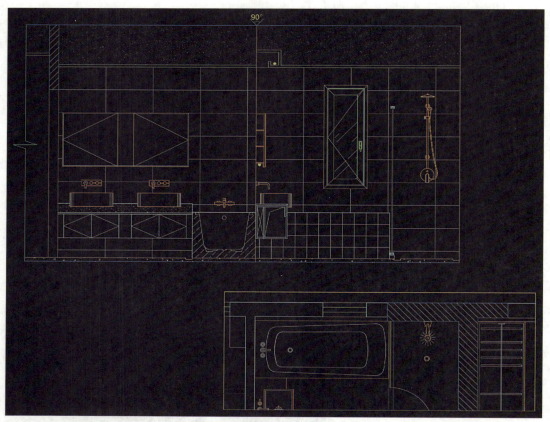

图 8-66 将裁剪块逆时针旋转后绘制相邻的第二个立面

★**注意**：在两个立面转折线的顶部添加转角标记，可通过角度标注工具来完成。

采用同样的流程接续绘制完成主卫空间相邻的三个墙立面，如图 8-67 所示，完成后三个立面集合成为一张立面图。

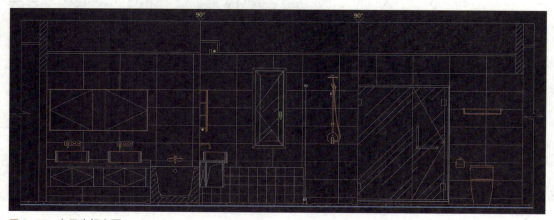

图 8-67 主卫生间立面

如图 8-68 所示，立面图绘制完成后，重新回到布局空间；在复制的图框中创建立面视口和局部平面视口，调整视口的显示比例与范围；最后围绕立面视口完成结构尺寸标注和材料文字标注（图 8-69）。

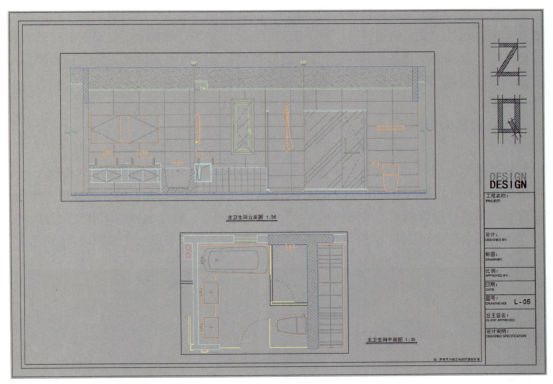

图 8-68　复制图框创建立面与局部平面视口

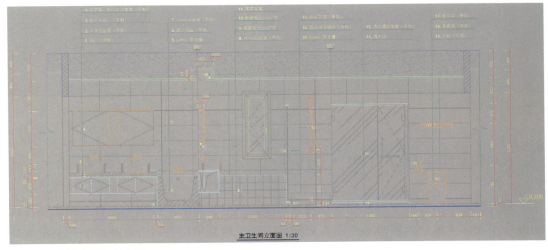

图 8-69　标注主卫生间立面

第六节　立面索引图

绘制完成的每个立面图都需要统一标注"立面索引符号"，同时将立面图的空间位置与朝向，通过"立面索引符号"在平面图中标示出来。这种标示了立面索引符号的平面图就是"立面索引图"。索引符号由图形和文字标注两部分构成，标注开始前首先需要创建立面索引符号图块，以方便标注时复制和修改。

一、绘制索引图形

规范的索引图形由正圆和等腰直角三角形相切构成，与图纸的图框一样按照 1∶1 比例绘制。首先在布局空间中绘制直径为 8 mm 的正圆，再绘制相切的等腰直角三角形，修剪线段后进行局部填充，得到如图 8–70 所示索引图形。将绘制好的图形复制并旋转，分别朝向其余三个正方向，这样就得到了四个不同指向的索引图形，如图 8–71 所示。

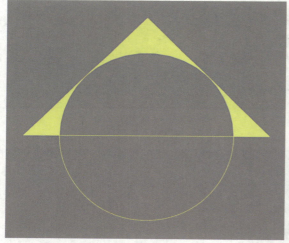

图 8–70　索引图形

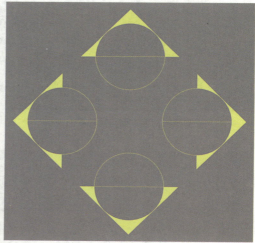

图 8–71　不同指向的索引图形

二、定义属性（ATTDEF）标注

索引图形中圆形的上半区用于标注立面图的编号，而下半区则标注该立面所在图纸的编号。在标注编号内容时不使用多行文字工具，而是采用更适合修改内容的"定义属性"工具。"定义属性"是一种特殊的文字标注工具。激活"定义属性"工具的方式有以下两种：

① 通过输入"AT"，按下【Enter】键确定激活"定义属性工具"。

② 如图 8-72 所示，通过"功能区"→"默认"选项卡 →"块"功能面板 → 点击"定义属性"按钮激活。

激活"定义属性"工具后，如图 8-73 所示，在弹出的"属性定义"面板中，设置"属性"和"文字设置"。

① 在"标记（I）"后输入要标注的文字内容，如编号"A"。

② 点击"对正（J）"后的下拉菜单选择"居中"对齐方式。

③ 点击"文字样式（S）"后的下拉菜单选择预设的文字样式。

④ 在"文字高度（R）"后输入字体高度值：2.5（根据显示比例设置）。

图 8-72 点击图标激活定义属性

完成以上设置后，点击"确定"按钮回到布局空间，确定标注内容的位置。如图 8-74 所示，移动光标将编号内容移至索引图形的上半区居中的位置，单击鼠标左键确定完成第一个立面图编号的标注。

图 8-73 设置"属性"和"文字设置"

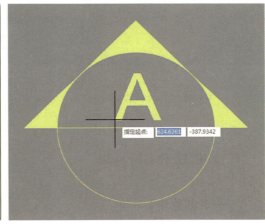

图 8-74 确定立面编号标注位置

再次激活"定义属性"工具，标注图纸的编号。如图 8-75 所示，在"标记（I）"后输入"L-01"，文字高度输入"2"，其他两项内容与上一次标注设置相同；点击"确定"按钮回到布局空间，如图 8-76 所示，移动编号内容至索引图形的下半区居中的位置，单击鼠标左键确定完成图纸编号的标注。

图 8-75 再次设置属性定义

图 8-76 确定图纸编号标注位置

最后如图 8-77a 所示，将标注好的编号内容选中，复制到其他三个索引图形中。复制过程中注意保持位置的对齐。复制结果如图 8-77b 所示。

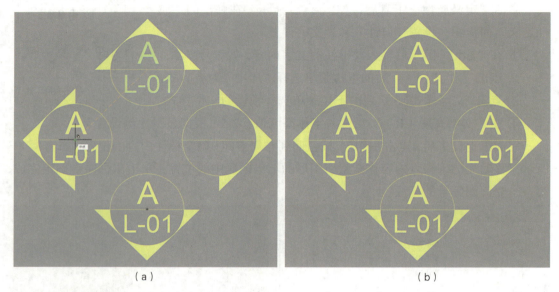

（a）　　　　　　　　　　　　　　　　　（b）

图 8-77　复制属性定义标注内容

三、创建索引符号块

（一）创建块

如图 8-78 所示，选中一组索引符号（包括索引图形与编号标注），激活"创建块"工具；设置块名称与基点后点击"确定"按钮完成块的创建。

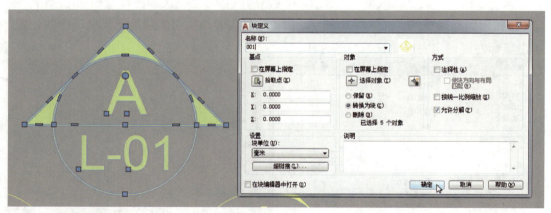

图 8-78　创建索引符号块

（二）编辑属性

完成块创建后，如图 8-79 所示，在弹出的"编辑属性"面板中，需要重新输入定义属性标注的两项内容。默认为空缺，如不输入内容，则创建的索引符号块显示内容为空白。一般重新填入相同的编号内容就可以了。点击"确定"按钮完成内容编辑。如图 8-80 所示，点击选中创建的索引符号块确认其完整性。

★ **注意：** 将其余三组不同朝向的索引图形与编号标注也分别选中，创建为索引符号块备用。

（三）修改定义属性

双击创建的索引符号块，如图 8-81 所示，在弹出的"增强属性编辑器"面板中，可分别修改标注的两项编号内容。先在"属性"列表中选中需要修改的项，再通过下方的"值（V）"输入新的内容。修改后的内容可在块中预览显示，点击"取消"退出，不做修改，点击"确定"按钮即可保留修改结果。

★ **注意:** 如图 8-82 所示，在未创建块之前，也可以通过双击单个的定义属性标注打开"编辑属性定义"面板，对单独选中的定义属性标注做内容修改，但修改的内容在点击"确定"后才会显示。

图 8-79　重新输入定义属性标注内容

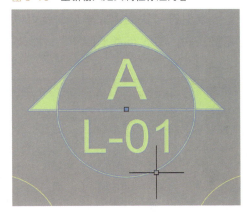

图 8-80　创建的索引符号块

图 8-81　"标记"栏显示的是默认标注内容，"值"下显示的是修改后的标注内容

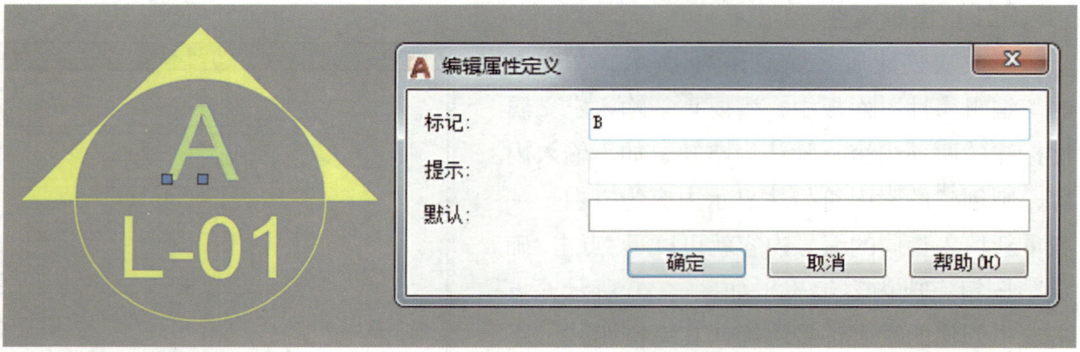

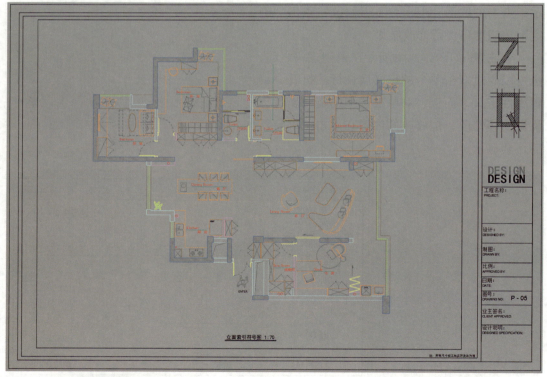

图 8-82　双击修改定义属性标注

四、索引符号标注

（一）创建立面索引图

索引符号块创建完毕后，就可以开始在平面图中进行索引标注了。如图 8-83 所示，完整复制"功能布置平面图"；修改图名为"立面索引符号图"，图纸编号为"P-05"。

图 8-83　复制创建立面索引符号图

（二）平面标注索引符号

根据立面编号的顺序和朝向，复制创建好的索引符号块，移动至立面索引符号图中。按照立面绘制顺序首先在平面图中标示"电视背景立面"与"走廊立面"的位置。

如图 8-84 所示，复制指向为上的索引符号块，将其移动至平面图电视背景墙下方的位置，电视背景立面的编号和所在图纸编号分别为"A"和"L-01"，所以无须修改标注内容；复制同一个索引符号块，移动至平面图中走廊墙结构的位置；双击复制的块，通过"增强属性编辑器"面板，分别修改立面编号和图纸编号为"B"和"L-02"。

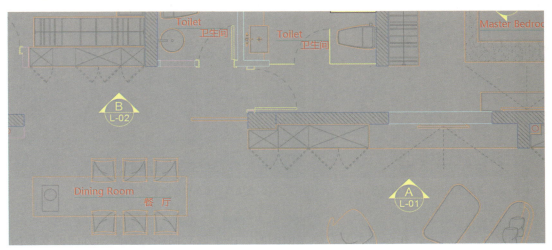

图 8-84　在立面索引平面图中标注索引符号

如图 8-85 所示，主卧室与卫生间都绘制了同一个空间中的多个立面，因此可将不同朝向的索引符号块复制后，移动集中在一起。在标注卫生间的索引符号时，由于其平面空间过小，因而无法同时容纳多个索引符号，这时可配合多重引线标注将符号就近标注在平面空间外，以减少符号与平面图的重叠。

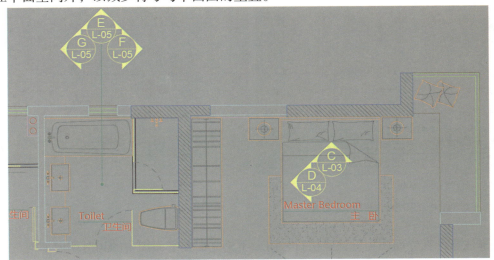

图 8-85　标注卫生间、主卧索引符号

（三）立面标注索引符号

完成平面图中的索引符号标注后，还需要在已经绘制的立面图中，分别标注对应编号的索引符号。如图 8-86 所示，复制对应电视背景立面的索引符号块，移动放置在"电视背景立面图"图名的右侧；再如图 8-87 所示，复制相同的符号，向下移动至电视背景局部平面图中。其他立面图也采用相同的方式标注索引符号。标注时注意立面编号和图纸编号的统一。

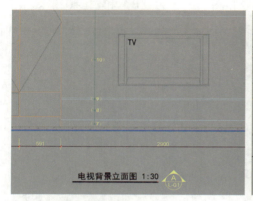

电视背景立面图 1:30

电视背景平面图 1:30

图 8-86　在立面图图名标注索引符号　　　　图 8-87　在局部平面图中标注索引符号

如图 8-88 所示，在标注主卧衣柜立面图时，由于该立面还包括同一方向的衣柜内部结构图，因而在标注索引符号时，两个立面图名后都需要添加相同标注内容的索引符号。

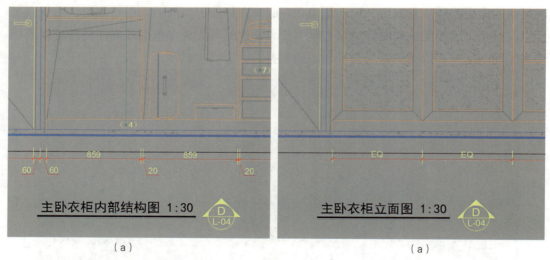

主卧衣柜内部结构图 1:30

主卧衣柜立面图 1:30

（a）　　　　　　　　　　　　　　　　（a）

图 8-88　两个衣柜立面图标注相同索引符号

★**注意：**在立面图上标注索引符号时，不论立面在平面图中的相对朝向如何，一律采用指向朝上的索引符号标注，但立面编号和所在图纸编号仍需要修改对应。

在主卫生间局部平面图中标注索引符号时（图 8-89），可按照各立面朝向集中标注。如图 8-90 所示，在标注主卫生间立面图的索引符号时，由于三个相邻立面集中绘制在一张立面图中，因而需要按照立面的区域，分别标注三个指向相同，但立面编号不同的索引符号。

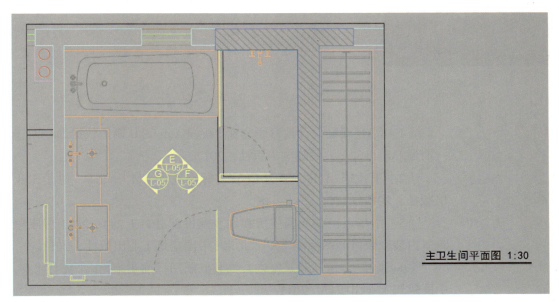

图 8-89　主卫局部平面图中集中标注索引符号

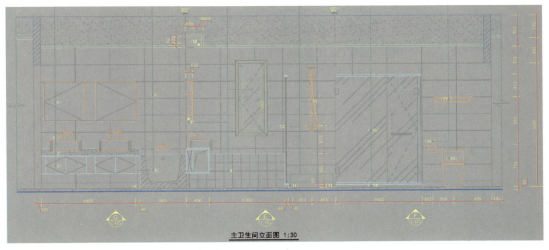

图 8-90　主卫立面分别标注编号不同的索引符号

参考文献

References

［1］CAD 辅助设计教育研究室 . 新编 AutoCAD 制图快捷命令速查一册通 [M]. 北京：人民邮电出版社，2017.

［2］王建华 .AutoCAD 2017 官方标准教程［M］. 北京：电子工业出版社，2017.

［3］中华人民共和国住房和城乡建设部 .JGJ/T 244—2011 房屋建筑室内装饰装修制图标准［S］. 北京：中国建筑工业出版社，2011.

［4］高祥生 . 房屋建筑室内装饰装修制图标准实施指南［M］. 北京：中国建筑工业出版社，2011.

［5］CAD 自学网　http://www.cadzxw.com/.

［6］ABBS 建筑论坛　http://www.abbs.com.cn/.

［7］天天 CAD 网　http://www.ttcad.com/.

［8］中国 CAD 论坛　http://www.cad8.net/.

［9］CAD 设计论坛　https://www.askcad.com/.